上海市气象局综合观测质量管理体系建设实践

本书编委会

气象出版社

China Meteorological Press

本书介绍了上海市气象局运用 ISO9001:2015 质量管理体系的方法与原则,在气象综合观测业务方面建设质量管理体系的过程与成果。本书首先介绍了体系建设背景、建设方法、体系绩效与引发的思考,其次详细地阐述了体系建设的实践案例,内容包括质量管理手册、管理过程、业务过程与支持过程等各过程的控制程序文件,作业指导书与相关的记录表单等,阐述了上海市气象局观测质量管理体系各相关管理要素、过程关系与互动机制。

本书为全国气象系统相关单位建设质量管理体系提供了建设参考,也为事业单位推进质量管理体系建设提供参考与借鉴。

图书在版编目(CIP)数据

上海市气象局综合观测质量管理体系建设实践 /《上海市气象局综合观测质量管理体系建设实践》编委会编著.－－北京:气象出版社,2019.2

ISBN 978-7-5029-6920-2

Ⅰ.①上… Ⅱ.①上… Ⅲ.①气象观测-业务管理-质量管理体系-体系建设-上海 Ⅳ.①P41

中国版本图书馆 CIP 数据核字(2019)第 118345 号

Shanghaishi Qixiangju Zonghe Guance Zhiliang Guanli Tixi Jianshe Shijian

上海市气象局综合观测质量管理体系建设实践

出版发行:气象出版社

地　　址:北京市海淀区中关村南大街 46 号　　**邮政编码**:100081

电　　话:010-68407112(总编室)　　010-68408042(发行部)

网　　址:http://www.qxcbs.com　　**E-mail**:qxcbs@cma.gov.cn

责任编辑:隋珂珂　　　　　　　　　　**终　　审**:吴晓鹏

责任校对:王丽梅　　　　　　　　　　**责任技编**:赵相宁

封面设计:博雅思企划

印　　刷:北京中石油彩色印刷有限责任公司

开　　本:710 mm×1000 mm　1/16　　**印　　张**:17.75

字　　数:465 千字

版　　次:2019 年 2 月第 1 版　　　　　**印　　次**:2019 年 2 月第 1 次印刷

定　　价:80.00 元

本书如存在文字不清、漏印以及缺页、倒页、脱页等,请与本社发行部联系调换。

本书编委会

主　任：董　熔
副主任：杨引明　丁若洋
委　员：孟庆鱼　穆海振　杨礼敏　钱　敏
　　　　顾海斌　吴峻石　李保清　沈利峰
　　　　查亚峰　尹春光　鲁一鸣

本书编写组

主　编：尹春光
副主编：顾海斌　彭　慧　袁　翔　顾　浩
　　　　孙　娟
成　员：袁雨晖　张佳婷　张燕燕　张俊瑜
　　　　刘　洁　韩晶晶　薛　昊　刘　超
　　　　高　伟　吴永琪　陈　辉　张重祥
　　　　谢　媛　李　聪　包吉蕾　郑晓栋
　　　　王　蔚　朱家恺　汤晨阳　杜明斌
　　　　栾瑾融　邱黎华　赵烨菲

前　言

上海市气象局实行中国气象局与上海市人民政府的双重领导管理体制,开展上海及区域重大灾害性天气监测、精细化预报、服务防灾减灾与科研等工作。近年来,上海市气象局着力提升服务国家战略能力与服务上海经济发展能力,扎实落实气象改革发展重大任务,积极推进上海气象业务现代化的建设。当前,上海气象部门各项改革工作正逐步深化,观测业务上遇到的困难和瓶颈也不少。此次,在中国气象局综合观测司和气象探测中心统一部署下,开展上海市气象局综合观测质量管理体系的建设工作,是深入贯彻国家“质量强国”的战略与落实《综合气象观测业务发展规划(2016—2020年)》专项行动的重要举措。

上海市气象局以观测质量管理体系的建设与运行为契机,深入梳理、审视、分析与改进业务,从制约和影响业务工作的薄弱环节和难点上求突破,力求切实解决业务管理上的瓶颈与难题。经过一年多的建设,质量管理体系建设团队以降低风险为目标,运用过程方法与策划—执行—实施—改进的理念,紧紧围绕实际综合观测业务,以提高观测业务运行效率、观测系统运行可靠性、观测数据质量与用户满意度为目标,构建了结构清晰、节点明确的体系架构,建立了职责明确、集约通畅的管理流程。在业务空白、业务交叉与业务冗余等方面采取了针对性措施,提升了业务管理风险意识、项目管理质量与观测业务支撑能力。

上海市气象局综合观测质量管理体系的建设是实现从观测技术引进、观测系统建设现代化与观测站网评估现代化提升至观测业务管理现代化的良好开端,是实现管理体系现代化建设的积极尝试,为全国综合观测质量体系建设的推广提供了可复制可推广的经验。然而,体系运行过程仍需持续不断的验证与改进,上海市气象局仍需对标国际标准,对标现代化建设要求,全面提升综合观测管理质量与观测数据质量,不断满足新时代预报、科研与服务的新需求,为上海落实三项重大任务、加快建设五个中心提供高质量气象保障。

根据 GB/T 19001:2016《质量管理体系要求》(idt ISO 9001:2015标准)、WMO《国家气象和水文部门实施质量管理体系指南》2013版、中国气象局下发的业务规范、通知、技术标准文件,中国气象局气象探测中心等体系文件,上海市气象局制定的业务规定、通知与要求,结合观测业务实际运行情况编制了质量手册、管理过程程序文件、业务过程运行文件与支持过程程序文件,作为本局观测业务质量管理工作的标准化、纲领性文件,同时也是上海市气象局观测业务质量管理活动的重要依据。

本书体系建设概况由尹春光、穆海振、杨礼敏、袁翔、彭慧、王勤典编写。本书第 1 章由穆海振、尹春光、彭慧、袁翔、顾海斌、顾浩编写;第 2 章由孟庆鱼、穆海振、顾浩、尹春光、彭慧、顾海斌、袁雨晖、张佳婷、张燕燕、陈辉、刘洁编写。第 3 章 3.1 项目导入与 3.2 业务准入由顾海斌、顾浩、彭慧、尹春光、张俊瑜、张燕燕、张佳婷、袁雨晖编写;3.3 观测数据管理由孙娟、张重祥、袁雨晖、张佳婷、张燕燕、顾浩、吴永琪、张俊瑜、谢媛、李聪、包吉蕾、王蔚、栾瑾融、邱黎华编写;3.4 观测装备保障由尹春光、彭慧、顾海斌、袁翔、张佳婷、张燕燕、袁雨晖、高伟、薛昊、刘超、曹丹萍、汤晨阳、杜明斌编写;第 4 章由姜纪峰、黄雁飞、吴良方、顾浩、尹春光、陈辉、刘洁、韩晶晶、郑晓栋、赵烨菲编写。

上海市气象局综合观测质量管理管理体系的建设过程中,中国气象局综合观测司与中国气象局气象探测中心给予指导;上海市气象局各级管理层给予重视,立足业务共同推动观测业务的改革;上海市气象局局专家组审议文件时提出意见与建议,在此表示衷心的感谢。本书为综合观测质量管理体系阶段性成果,如有不当之处,欢迎批评指正。

目 录

发布令

  为进一步提升气象观测业务工作的管理水平,强化服务意识,提高工作质量和效率,上海市气象局根据 GB/T 19001:2016《质量管理体系要求》(idt ISO 9001:2015 标准)并结合本局实际情况编制了《上海市气象局观测质量管理手册》,作为本局观测业务质量管理工作的标准化、纲领性文件,同时也是上海市气象局观测业务质量管理活动的重要依据。

  质量管理体系文件既可作为本局观测业务内部审核的准则和内部员工的培训教材,也可作为第三方认证审核的依据。

  质量管理体系文件自发布之日起生效。

上海市气象局局长:

2018 年 5 月 28 日

第0章

体系建设概况

0.1　体系建设背景

0.1.1　综合气象综合观测概述

上海综合气象观测体系是上海气象现代化业务体系的重要组成部分。在《迈向国际一流的大都市气象现代化体系》中,上海率先实现气象现代化综合评估体系包含五大方面:气象监测预报预警体系、气象公共服务体系、气象科技创新体系、气象服务国家战略支撑能力与气象保障管理体系,而综合气象观测能力是气象监测预报预警体系的重要组成部分。

随着气象现代化建设的不断推进,上海综合气象观测体系得到快速发展,观测站网效益得到有效提升,观测仪器和观测方法研发取得进一步突破。为充分了解城市与大气过程之间的相互作用,改善天气预报、大气污染和气候变化的城市适应性,更好地为城市运行提供关键气象信息服务。上海根据城市自身的特点和发展模式,基本建成了综合气象观测体系,为发展上海现代气象业务、构建气象现代化体系奠定了良好的基础。

在地面气象观测方面,上海市气象局共建成 260 多个自动气象站,空间间距达到区 5~6 km、市区 3 km;各区国家基本台站云、能见度、天气要素自动化观测改造全部完成;在重要站点和各区气象台站设有天气实景观测系统、雨滴谱与天气现象仪等;在雷达气象观测方面,两部 S 波段天气雷达相距 90 千米东西遥望,其中浦东雷达完成双偏振多普勒技术升级改造后,已成为国内第一部业务化使用的 S 波段双偏振多普勒天气雷达。上海目前着力打造 X 波段双偏振雷达与相控阵雷达试验网,探索城市强对流天气实时精细化观测。

在城市边界层观测方面,上海市气象局组建了较完善的边界层风廓线雷达观测网,利用区电视塔和风能资源测风塔建成多个 70～100 m 多层气象要素梯度观测系统;低空激光测风雷达、激光雷达、微波辐射计、云高仪组成了城市边界层垂直结构观测网;建设了由涡动通量仪、集成红外气体分析仪超声风速仪、四分量辐射观测仪组成的辐射、水热涡动通量观测系统。在移动车气象观测方面,建成了多部移动气象观测系统,除常规气象要素移动观测外,具备移动天气雷达、移动风廓线雷达、天气实景观测和应急卫星通信系统等,为重要天气实时监测与重大活动气象服务保障提供精细化观测手段。

同时,上海还开展了环境气象观测、卫星遥感气象观测、海洋气象观测、重点路段交通气象观测、地面大气电场观测,除满足业务考核需求外,还为特定预报、服务与科研提供了支撑。

上海市气象局综合气象观测现代化建设快速发展,综合气象观测能力大幅提高,综合气象观测业务稳定运行能力显著增强,综合气象观测质量效益稳步提升,为上海气象现代化的建设提供坚实有力的支撑。当前上海现代气象业务迈入新台阶,高影响天气保障、高分辨率区域数值预报发展、智能网格预报、多元化气象服务对上海综合气象观测体系提出了新的更高的要求。上海综合气象观测体系当前的综合观测能力、技术装备保障水平、观测资料质量与实现更高水平气象业务现代化的总体要求和国际先进水平仍有差距,主要的问题与挑战有:

1)台站观测布局不能满足业务科研需求。虽然目前已建成各类观测站网,但站网规划布局多是按照各自项目来源、观测目标单独建设,缺乏对城市尺度上的整体考虑,站点布局的前期调研、科学论证和整体协调统筹无法满足天气预报、气候分析、灾害防御等服务需求。

2)观测综合化、集约化程度不高。当前上海综合气象观测体系基本还处于各设备独立观测、各手段单独应用阶段,尚未形成综合互补的观测布局。资源未能合理配置,导致重复建设,整体效益发挥不足。

3)观测数据质量控制方法手段不完善,目前存在着观测设备、观测方法和数据格式等不统一的问题,导致观测数据的标准数据存在多样性,给数据核查,后续的数据应用带来难题。

4)观测业务管理流程不够通畅,观测业务分类不清晰,且业务存在交叉,对流程结果把控不够,业务准入与过程控制节点不清;质量管理理念落实不够,业务未形成过程管理与标准管理;项目推进、后续跟踪与绩效评价不足,导致资源未能合理配置。

面对问题和挑战,上海综合气象观测体系从管理入手,着重对上海市气象局观测业务进行全面的检查、审视与分析,查找业务风险,寻求应对策略,提高业务质量,提升业务绩效。

0.1.2　引入 ISO 管理体系的背景

随着国际气象领域的合作和发展,世界气象组织(WMO)需要建立和实施统一的标准和规范,以加强国际数据和产品交换与共享。2008 年 9 月,WMO 与 ISO 在气象、气候、海洋、环境与水文等方面数据、产品与服务国际化标准上开展合作,此举明确了 WMO 文件的效力,增强了国际共识与传播,提升各国气象产品与服务质量,节省了管理成本、提高了管理效益。2013 年,WMO 制定发布了《国家气象和水文部门实施质量管理体系指南》并推荐各国参照指南内容建立本部门的质量管理体系。

综合观测质量管理体系的建设是中国气象局发布的《综合气象观测业务发展规划(2016—2020 年)》对四项“专项行动”之一,其内容与目的是“以质量管理为核心的观测业务技术体制改革,全面提升气象观测的管理水平、技术水平、服务水平和工作效率,完善业务流程、技术规范和标准,加强监督管理,提高观测系统持续改进优化能力,推动管理系统科学化、国际化、现代化,从而提高观测数据质量,增强对气象预报预警和气候变化研究的基础性支撑作用”。2017 年,中国气象局根据 ISO9001 国际质量管理体系标准和世界气象组织(WMO)《国家气象和水文部门实施质量管理体系指南》,推进在气象观测领域构建质量管理体系。按照确立的质量管理体系要求,设计体系总体框架,梳理规定规范,识别过程与编制程序文件,开展气象观测业务运行和管理认证,并进行运行评估和持续改进。

0.1.3　ISO 标准的由来与沿革

ISO 是国际标准化组织(International Organization for Standardization)的英文简称,是由世界各国联合组成的非政府机构,成立于 1947 年。该组织主要负责各行业领域的跨国标准化活动,制订各类国际标准。ISO 所制定的标准推荐给世界各国采用,是非强制性标准,但是由于 ISO 颁布的标准在世界上具有很强的权威性、指导性和通用性,对世界标准化进程起着十分重要的作用,所以各国都非常重视。

ISO 迄今已制订发布 20,000 多个现行有效的国际标准,所有的标准基于国际一致的原则。其中 ISO 9000 系列标准为质量管理方面的国际标准。第一版 ISO 9001 标准发布于 1987 年,随后每隔 6~8 年 ISO 均会对其进行重新评审和修订,目前为止已先后发布了 1987、1994、2000、2008、2015 等版本。ISO 9001 系列标准已成为 ISO 迄今为止应用最广泛、最成功的标准，为各类组织机构建立了一个质量管理的通用框架和语言，也为组织机构赢得顾客对其所提供合格产品与服务的基本信任明确了途径，为全球经济合作效率的提升起到了基础作用。

然而，当代社会已由工业社会转向信息社会，经济体系已由工业经济转向以信息和知识为基础的服务经济。而在 2015 版之前的 ISO 9001 质量管理体系标准的一些指导理念及习惯用语仍留有较明显的制造行业痕迹，对于服务行业、事业单位及政府机关等非制造行业组织机构而言，之前直接引入 ISO 9001 标准用于内部质量管理体系存在适用性的问题，必须花费较大精力对原标准的条款、用语进行识别理解和转换以适应服务业的实际情况。

2015 年 9 月 23 日，修订后的新版质量管理体系标准——ISO 9001:2015 正式发布。2015 版 ISO 9001 质量管理体系标准在本次修订中专门针对服务业等非制造行业对原有的标准用语进行了调整，减少了原制造业领域实践的规范性要求，标准用语更一般化并更容易被服务业采用；同时，2015 版 ISO 9001 标准在指导思想和理念上将质量管理体系与组织机构的经营战略、业务、风险更为紧密地融合，改变了以往仅对组织内部产品质量控制和质量保证的片面关注。因此对于有意引入 ISO 9001 标准的各组织而言，2015 版 ISO 9001 质量管理体系的导入将成为其实现管理提升的有效工具，而不再是仅仅用于满足认证的需要。

0.2 体系建设过程

0.2.1 核心团队的作用

WMO 制定发布的《国家气象和水文部门实施质量管理体系指南》中阐述了实现 ISO9001 达标认证与提高用户满意度的主要步骤，包括组建核心团队、差异分析评估与改进、识别过程与流程分析、内外审与认证。

作为中国气象局观测质量管理体系建设的试点单位，上海市气象局局领导高度重视。为落实任务要求，组织编写并印发《气象观测质量管理体系建设工作方案》以推进该项任务的开展。体系建设以上海市气象信息与技术支持中心为牵头单位，崇明区气象局、宝山区气象局与青浦区气象局作为试点，观测预报处总体协调、并成立了覆盖局级、处级与科级管理层的 12 人核心工作组，组建了总数达 30人的二级工作团队。核心工作组专业范围覆盖地面观测、高空观测、地基遥感、空基遥感等考核业务,管理层级由局分管领导、局业务管理、科室管理、区局综合业务管理、实验室标准管理等所有管理层级组成。

质量体系建设以工作组为主要推进主体,开展培训与业务对接会议;识别业务过程中的风险,识别业务冲突与业务空白等薄弱环节,撰写、修改、完善各类体系文件,负责流程管理节点的协调一致;汇总推进业务过程中难点并撰写报告,跟踪体系试运行情况与总结绩效。在体系推进过程中,运用《质量管理体系周报》实现任务回顾、任务计划、任务难点与问题跟踪等。二级工作团队进行体系各项文件验证反馈,并成为上海市气象局综合观测质量管理体系的内审员,从事全局观测业务的质量检查,与核心工作组进行直接沟通。

质量管理体系的推动遵循质量管理体系的策划、实施、检查与改进的原则,制定推进计划,关注要做什么,需要什么资源,由谁负责,何时完成以及如何评价结果。在质量体系建设团队与第三方咨询公司沟通时,关注沟通内容、沟通时间节点、业务人员与咨询沟通的方式与结果检查,确保业务的输入输出关系清晰完整。

0.2.2　体系的建设思路

上海市气象局综合观测质量管理体系的建设依据 ISO9001:2015 标准和其他相关标准,按照法律法规要求以及相关方要求,结合内外部环境及实际业务状况,开展建立、实施和持续运行。该体系的建立策划遵循了"基于风险的思维""过程方法"和"PDCA 循环"的原则。

为了防止体系建设"两层皮"现象,体系建设开展采用"基于科研的思路,结合业务的实际",体系的设计秉持以下原则:体现上海气象综合观测与管理的特点、确保与中国气象局体系架构对接,通过优化现有业务流程提升业务质量,扎实推进上海市气象局综合观测业务的全面检查、审视、分析与改进。建设任务推进环节主要包含背景分析、风险调研、确定目标、流程梳理、体系文件编制、自检审查与绩效评价。

上海市气象局综合观测质量管理体系建设内容包含了体系范围确定、顶层设计(战略风险 识别分析与规划、体系方针目标制订)、过程识别与确定、文件梳理及绩效目标导入实现,明确各过程的输入、活动、输出、职责权限、准则方法、绩效及其风险与应对措施等要素,通过手册、程序文件、流程图等形式并使其文件化。

0.2.2.1　范围职责划分

上海市气象局综合观测质量管理体系业务范围主要是纳入考核的观测系统以及负责运行维护管理该考核系统的业务单位,预报、服务等活动暂不列入本次管理体系范围。参与建设的单位包含上海市气象局职能部门如办公室、观测与预报处、计划财务处、人事处、政策法规处,相关事业单位如上海市气象信息与技术支持中心、长三角环境预报预警中心、上海市气象科学研究所、上海中心气象台、上海海洋气象台与各区局。体系中参与建设的部门如图 0.1 所示:

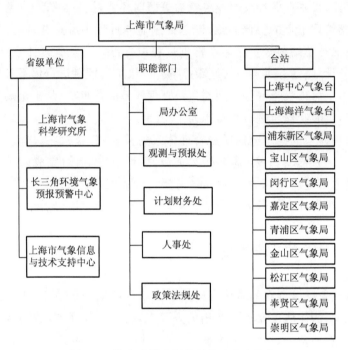

图 0.1　综合观测质量管理体系参建单位

　　近年来随着业务的发展需要,上海市气象局根据成立多个分支中心并负责特定观测系统站网布局、系统建设与维护保障:长三角环境预报预警中心负责大气成分站,上海市气象科学研究所负责 GPS/MET;由于历史业务的延续,上海中心气象台负责徐家汇国家级一般站;重大观测系统如天气雷达实现无人值守,台站业务上移至省级单位相关科室;风廓线雷达实现属地化管理。面对复杂的机构设置与业务分工,首先要解决的是在综合观测业务的质量管理体系中角色分配问题。

　　在此次体系设计中,省级过程与台站级过程的确定不是按照行政事业单位划分,而是按照承担的业务类型划分。比如以观测数据与观测装备保障为主体的文件中,以国家级自动站业务为例,国家自动站业务分为日维护、月维护、年维护。日维护与月维护属于台站业务,所以上海中心气象台虽然是省一级行政事业单位,但在观测业务中属于台站负责部门;以天气雷达观测业务为例,上海市气象信息与技术支持中心探测设备运行保障科承担着天气雷达的日维护、周维护、月维护与年维护,按照业务划分,日维护、周维护与月维护属于台站负责部门,年维护属于省级负责部门,所以探测设备运行保障科既属于台站又属于省级。

通过分析不同观测系统的业务进行时间、频次、责任主体、任务类型等要素,上海市气象局观测系统与台站负责部门、省级负责部门对应关系如表 0.1。找出划分的方式,为寻找不同观测系统设备类型的业务共性提供了方法,为梳理与再造业务流程提供共性的基础与解决手段。

表 0.1 上海市气象局观测系统与省级台站级对应表

观测系统类型	台站负责部门	省级负责部门
天气雷达	信息中心探测设备运行保障科	上海市气象信息与技术支持中心
风廓线雷达	嘉定区气象局、金山区气象局、奉贤区气象局、松江区气象局、上海海洋气象台、信息中心探测设备运行保障科	上海市气象信息与技术支持中心
国家级自动站	各区气象局、上海中心气象台	上海市气象信息与技术支持中心
区域自动站	各区气象局、上海海洋气象台、信息中心仪器开发与检定科	上海市气象信息与技术支持中心
GNSS/MET	上海市气象科学研究所	上海市气象科学研究所
大气成分	长三角环境气象预报预警中心	长三角环境气象预报预警中心
土壤水分站	松江区气象局	上海市气象信息与技术支持中心
探空	宝山区气象局	上海市气象信息与技术支持中心

0.2.2.2 质量方针与质量目标

质量方针应当包括对满足要求与持续改进质量管理体系有效性的承诺。上海市气象局综合观测质量管理体系承诺主要有两点:一是满足观测数据用户相关方的要求,二是持续改进质量管理体系的有效性,保持观测业务体系顺畅、集约、高效的发展,服务上海市气象局总体部署与发展方向。

综合气象观测业务是上海气象现代化业务体系的重要组成部分。随着高分辨率的数值预报、格点化精细化天气预报及气候分析与多元化气象服务的发展,对观测数据的稳定性、精确性与及时性提出更高的需求,综合气象观测业务随之面临诸多风险与挑战。体系的设计关注上海市气象局面临的风险和机遇,通过内外部环境的分析,融入 WMO 相关的管理理念,综合考虑中国气象局总体战略发展、综合发展规划与考核的要求,地方与同行业对预报服务的需求,科技发展带来的创新挑战,确定了上海市气象局综合观测质量体系建设的质量方针。

管理体系总体方针:科学管理、重质提效、持续发展、创新领先。

其主要内涵:

1)科学管理:着力构建以科学标准为基础、高度法治化的现代气象管理体系,以系统化、目标导向、PDCA 等科学管理理念指引,建立符合客观规律的管理方法,完善管理制度,提升集约化管理水平。

2)重质提效:以满足用户需求、满足上级部门要求为导向,聚焦于保障观测业务数据和服务的质量,提升观测业务稳定性、可靠性及运行效率,全面提升各相关方满意度。

3)持续发展:依靠科技进步,把握"云计算"、物联网、移动互联网、"大数据"等新信息技术发展及气象观测智能化发展的时代脉搏,持续优化完善全市探测站网布局,持续增强多元化、专业化、精细化的气象观测能力。

4)创新领先:面向世界科技前沿、面向经济社会发展、面向国家重大需求,着力构建聚焦核心技术、开放高效的气象科技创新和人才体系,推动气象观测技术创新、原理创新、概念创新和思想创新,为新气象观测业务体系的建立贡献强大活力。

质量目标依据质量方针制定,根据上海市气象局制订的观测业务发展战略方向及质量方针,同时借鉴国外同行业的先进经验,上海市气象局综合观测质量管理体系的总体质量目标约为四个方面,分别是:观测业务工作运行的效率,观测业务系统运行的可靠性,观测业务数据和服务的质量,服务对象满意度。上述总体目标在各职能层次及各过程上得到进一步细化和落实,并建立了不同层次的质量目标作为对体系及各过程运行绩效的评价指标。

0.2.2.3　文件架构

上海市气象局综合观测质量管理体系文件参照《质量管理体系文件编写指南》要求,由核心工作组编写。对参与文件编写人员进行体系相关标准的培训,对中国气象局各职能司下发的规定规范与上海市气象局各职能处下发的规定进行分析与梳理,确定文件编制的结构格式,确定过程并编制流程图或流程说明,管理节点分析并识别潜在的风险与应对措施,通过试运行检验文件并组织修改完善,在发布前对文件进行评审,并获得批准。在编制流程图、撰写体系文件与试运行时均可进行体系文件的改进,为了控制文件的版本与保持体系文件的适用性,由核心工作组统一进行修改与发布。

质量管理体系所需的文件的多少取决于对过程的分析,而不应当是文件决定过程。本次管理体系的建立设计借助"过程方法",通过"过程"的导入对原有的大量规范及外来文件进行梳理,将所有的管理控制要求按照所识别的过程或子过程进行对应分配,必要时进行整合,并针对原有的管理空白重新编写相应的三级规范文件。在完成了对体系各过程的识别与确定之后,通过程序文件及三级管理文件对各过程及其活动制订明确的控制、监测等管理要求。上海市气象局综合观测质量管理体系依据 ISO9001:2015 版的要求识别并建立的质量体系文件通过手册、程

序文件、流程图等形式并使其文件化,从而建立文件化的管理体系,其结构如图
0.2 所示:

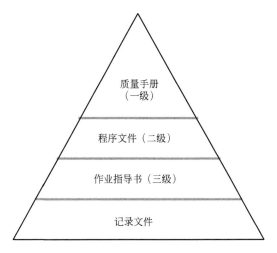

图 0.2 质量管理体系文件架构

其中:

质量手册:为整个管理体系的纲领性文件;确定了整个管理体系的范围、对战略风险的识别及对策(中长期发展方向与重点)、质量方针与质量目标、对所有一级过程的识别及其关系的描述等,所有的二级程序文件均应在质量手册中得到引用。

上海市气象局综合观测质量管理体系质量手册主要包括:

◆管理体系方针与质量目标。

◆管理体系范围:组织架构、认证范围与场所位置。

◆管理体系概述:管理承诺、战略分析规划与体系运行有效性评价。

◆管理体系过程描述:过程概述、过程关系图、过程清单、程序文件清单与记录文件清单。

程序文件:

为针对各二级过程工作项的管理控制文件;明确了每个二级过程的输入、活动、输出、职责分配、过程绩效、过程主要风险应对措施、过程的控制准则(相关文件)等管理要素;所有的三级管理规定均应在程序文件中得到引用。

程序文件的编写运用“5W1H”分析法,从原因(WHY)、对象(WHAT)、地点(WHERE)、时间(WHEN)、人员(WHO)、方法(HOW)六个方面提出问题进行思考,运用质量体系的“过程方法”“PDCA 循环”和“基于风险的思维”去思考观测业务风险与要达到的目的,相关方及其要求,业务工作的工作范围,业务的时间节点

与时间频次,省级管理部门、省级业务部门与台站中的责任主体,风险的应对方法与此业务开展的管理节点等。

作业指导书:是针对二级过程进一步细分的三级工作项(子过程或活动)的具体操作控制文件;明确了在每个操作环节与风险控制点上的具体工作要求、监测要求等等;所有的记录文件均应在三级管理规定中得到引用。

作业指导书的形式主要包含观测系统、台站负责部门与省级部门的对应关系,引用的规范,产生的记录,记录的备案等。上海市气象局综合观测质量管理体系作业指导书注重寻找业务的共性,对于二级过程下作业指导书共性业务归类,个性业务单独进行阐述,实现文件的集约化与可控管理。

记录文件:是作为必要的运行操作证据、满足信息数据的传递及后续可追溯需求的信息载体,记录文件的格式、编号、储存方式等均应受控,填写完成的记录不可随意更改。记录文件按照月度年度归档,需要提交中国气象局有关部门或者上海市气象局职能处的,按照相应管理流程进行提交。

0.2.3　理论方法与实践

ISO 9001 质量管理体系(以下简称"体系")标准的核心内涵主要包括"体系""过程""活动"这三者的概念及其之间的关系,以及"过程方法""PDCA 循环"和"基于风险的思维"这三项基础理论。

体系是相互关联或相互作用的一组要素,要素可以包括角色、职责、过程、制度等等。它是一个整体,其内部的组成部分相互关联、相互作用。相互关联通常体现为时间序列关系;相互作用则通常体现为逻辑关系,如促进、抵消、决定等。综上所述,体系是由过程及其相互的关联关系所构成的系统,而非彼此孤立的管理模块或要素的简单叠加。

"过程方法""PDCA 循环"和"基于风险的思维"共同构成了 ISO 质量管理体系的理论基石。"过程方法"结合了 PDCA(策划、实施、检查、处置)循环与基于风险的思维。过程方法使组织能够策划其过程及其相互作用。PDCA 循环使组织能够确保其过程得到充分的资源和管理,确定改进机会并采取行动。基于风险的思维使组织能够确定可能导致其过程和质量管理体系偏离策划结果的各种因素,采取预防控制,最大限度地降低不利影响,最大限度地利用出现的机遇。

0.2.3.1　风险分析

风险是针对预期结果的不确定性的影响。其中"影响"是指偏离预期——可以是正面或负面的;"不确定性"是缺乏关于事件、后果或可能性的了解。在 2015 版

ISO 9001 标准中,自始至终考虑风险,并将识别与应对风险作为战略策划和运作、评审的一部分。通常认为风险是负面的,但在基于风险的思维中,也可以发现机会,也就是说正面的风险。为满足 ISO 9001:2015 标准的要求,组织需要策划、实施措施以应对风险和机会。风险和机会为提升质量管理体系的有效性,实现改进的结果和防止负面的效果建立起基础。

质量管理体系的建设过程引入风险管理思维方法,主要包含内外部环境分析、风险评价、风险应对与监督检查(图 0.3)。

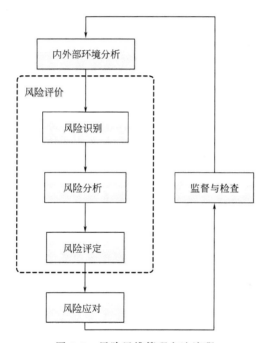

图 0.3　风险思维管理方法流程

2.3.1.1　内外部环境分析

观测业务质量管理体系面临的风险与机遇既有外部因素,如国家的战略发展、中国气象局的部署谋划、服务上海经济社会发展的转型升级的需要、科学技术的发展的带动等。内部因素主要有规范规定的出台落实、上海市气象局业务布局调整、预报科研提升带来的观测需求、业务发展的瓶颈、业务管理的盲区和人、财、物等配套资源政策调整等,对潜在的影响上海市气象局观测业务战略、项目建设与业务管理等方面因素进行分析与关注。

2.3.1.2　风险评价

风险评价包含风险识别、风险分析与风险评定。

◆风险识别

风险识别是通过识别风险源、影响范围、事件及其原因和潜在的后果等,生成一个全面的风险列表。识别风险需要所有相关人员的参与。上海市气象局在体系建设之初,开展了风险调研,主要有以下几种方式:

1)调研各层级的管理风险

开展四个层级的风险调研,分别是面向基层业务骨干与科长、面向事业单位主要领导与区局局长、面向局内业务管理部门、面向最高管理层。调查要素主要有参与调查的联系人所在单位的考核设备类型,正在进行的常规业务,所使用的业务规定,考核观测数据时间频次,观测装备业务类型与频次,以及业务难点、业务风险点、重复业务、业务相悖与业务空白等。

2)中国气象局观测体系接口对接

充分理解中国气象局的体系文件整体架构、流程内容与文件编写要求,识别中国气象局局层面的业务流程接口,判断响应方式、响应时效与在本局质量体系过程中发生的节点。经过梳理,主要包含业务管理接口与数据接口。业务管理接口体现在管理过程中与中国气象局各职能司之间的任务下达与反馈,数据接口体现在维护运行各个业务平台上,完成实时性、周期性业务。

3)梳理规范标准

体系建设梳理了自 2005 年至 2018 年来自中国气象局观测司、预报司、办公室、法规司等部门的发文与标准,其中与观测业务相关 416 条,梳理了上海市气象局相关的发文与业务技术手册等相关规定,帮助识别业务类别、业务标准与业务风险等。

4)收集用户需求

收集地方政府部门、同城共享用户、预报服务与科研上对数据的使用需求,在数据质量、反馈机制与反馈时效上进行分析,识别技术与管理上的风险,为从用户端到数据采集端的业务反馈机制建立技术与管理流程。

◆风险分析

风险分析根据风险类型、获得的信息和风险评估结果的使用目的,对识别出的风险进行定性和定量的分析,为风险评价和风险应对提供支持。风险分析要考虑业务风险的级别,风险的特点、业务风险的覆盖范围、业务风险产生的原因、产生可能的影响与后果,不同风险之间的关联,考虑现有的管理措施及其效果和效率,以及业务管理部门、省级业务部门与台站可接受的风险等级。

◆风险评定

综合上述调查与分析,通过归类分析、目标有效期与业务任务的开展而设定,上海市气象局观测业务质量管理体系的建设主要集中在以下方面：考核评估方法、加强科学规划、建立业务准入管理办法、反馈时效、数据汇总、元数据管理、维护维修责任划分、值班记录标准化、标定检定等工作标准化执行，建立报废程序，加强外供方管理、文件控制管理、基础设施安全管理。

0.2.3.2 过程识别与确定

对于任何一个处于运营状态的组织而言，活动是客观存在，过程是需要组织根据其管理目的加以确定的，也就是可以把客观存在的活动识别、分析并归纳在一起作为不同的过程来进行管理。这就是"过程方法"的思维，将活动作为由相互关联的过程所组成的连贯体系加以理解和管理，有助于组织实现其预期结果的有效性和效率，使组织的整体绩效得到增强。

过程方法包括系统地规定和管理过程及其相互作用，以依照组织的质量方针和战略方向实现预期的结果。体系是由相互关联与相互作用的过程所构成，过程是由相互关联与相互作用的活动所构成，可通过以下要点来理解：

◆过程是某些特定活动的集合；

◆这些活动是相互关联或相互作用的；

◆这些活动及关系的结果是实现"转化"（输入到输出）；

◆这些活动对于实现这种转化是必要的；

◆有明确的输入和输出；

◆输入通过这些活动及关系被转化为输出。

上海市气象局综合观测质量管理体系过程的确定需要充分识别上海市气象局的内外部环境，来源以下几个方面（图0.4）：重点分析中国气象局（CMA）与上海市气象局（SMS）的战略规划与行动计划；充分考虑中国气象局体系架构中的过程设计与接口要求；基于上海市气象局观测业务的风险梳理与风险判别分析基础上，充分考虑上海市气象局重大在建预建项目、业务布局调整与发展方向。基于数据流为主线的设计理念，充分体现观测项目的建设、数据采集直到数据交付的所有环节，考虑过程发生的时间尺度如实时性与周期性、过程的承担主体如省级与台站级，过程发挥的作用来整体判别。

对于本管理体系所需的"过程"，贯彻了以观测数据流业务主线的指导思想，概要图如图0.5所示。在业务过程中实现了观测系统从无到有的建设，在业务准入中实现观测数据的考核准入与观测装备保障业务的考核准入，在数据管理中实现数据监控与质量控制、实时历史资料的存储以及元数据管理。支持过程是对业务过程的主要支撑，管理过程实现绩效评价与改进，管理过程结果为战略规划与需求分析提供管理资源。

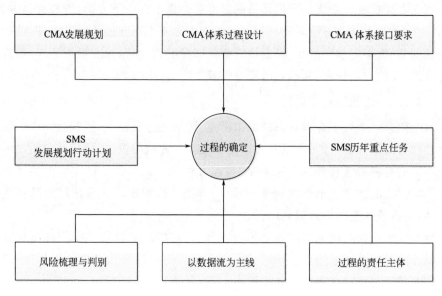

图 0.4　过程的确定要素分析

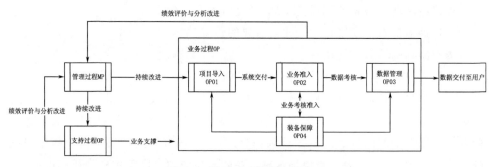

图 0.5　体系过程的概要分析图

　　上海市气象局观测业务质量管理体系识别为管理过程（MP）、业务运行过程（OP）和支持过程（SP）三个大类共 11 个过程，并将标准的要求体现在相应的过程中，且明确了这些过程之间的相互关系，并通过质量手册及各过程程序管理文件明确了每个过程的输入、活动、输出、职责分配、过程绩效、过程主要风险应对措施、过程的控制准则（相关文件）等管理要素所有过程的关系图如图 0.6：

　　对于三大过程的具体定义分类如下：

　　1)管理过程（MP）：

　　是指在战略指导层面对组织及管理体系进行管理的领导层级过程。包含战略

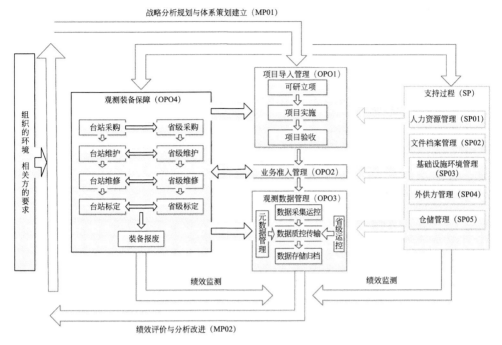

图 0.6　体系过程分解关系图

规划分析与体系策划建立、绩效评价与分析改进两个过程(图 0.7)。战略规划分析与体系建立过程是识别内外部环境与相关方要求,实现观测合理布局统一规划,数据集约高效原则的重要过程。绩效评价与分析改进作为整体质量体系的检查过程,对各个过程的指标完成情况进行总体监控、跟踪与制定持续改进的策略。

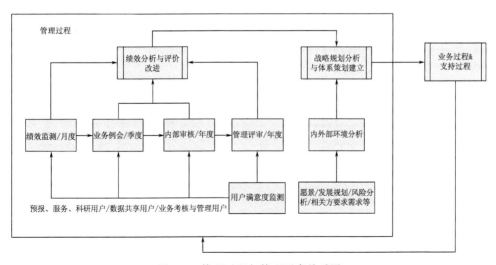

图 0.7　管理过程与管理要素关系图

通过体系建设,业务管理部门着重研究了月度目标指标管理表的制定、指标计算方法与绩效指标达成情况的排名与分析,形成观测业务月度质量报告发送给相关业务单位。通过对月度绩效指标达成情况的审视分析通报,在季度业务例会上,总结季度内月报质量情况,完成各部门改进计划与跟踪验证。体系运行期间,通过绩效监测,反映的问题有某些台站观测系统月维护缺失、质控数据反馈延误、重大故障报告与维修时效等,共性问题反馈如平台元数据对接与迁建撤管理的衔接效率,外供方的统一管理等问题在季度例会上反馈解决。内审的开展与业务检查有机结合起来,验证体系文件的符合性与有效性,形成内部审核报告与不符合项报告,同时对文件不适宜性进行评估。管理评审结合年度工作总结、年度过程指标的完成情况以及问题情况汇总分析,对体系进行评价或变更,形成新一年度检查-改进-计划-实施的良性循环。

2)业务运行过程(OP):

通常又称为"核心过程",是指组织为业务的实现和运行以达到预期结果的一切过程,是组织实现其使命的核心增值过程。结合上海市气象局观测业务的实际情况,经识别后确定的主要业务运行过程包括:(新站点)项目导入管理、业务准入管理、观测数据管理、观测装备保障。

项目导入定义了落实中国气象局下发的项目要求与满足上海市气象局观测业务的建设要求的管理控制流程。该过程的输入:新建、改建或搬迁的建设项目需求,中国气象局的管理规范及要求;该过程的输出:得到有效管理控制并符合要求的建设项目。分为可研立项,项目实施,项目验收 3 个子过程(图 0.8)。

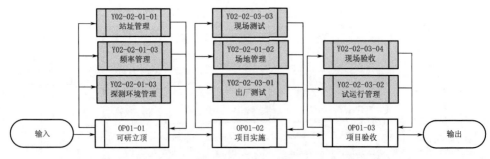

图 0.8　项目导入过程内部关系与中国气象局体系文件接口

业务准入对于观测业务新投入业务项目的业务准入与退出进行控制和管理,以规避或消除相应的风险,达成预期的目标,并推进新投入业务项目的顺利实施。该过程的输入:拟投入运行的新业务项目(包括各类观测设备、观测数据或产品、业务系统、信息网络设备等),各相关方对于新业务的需求,中国气象局的管理规范要求;该过程的输出:得到有效控制并导入正常运行以满足相关方需求的新业务项目。

观测数据管理过程定义了对于气象综合观测数据的采集、处理、传输归档的全生命周期管理。该过程的输入:已配备的气象综合观测装备,对观测数据的需求;该过程的输出:满足用户需求的观测数据以及完好保存的气象数据及归档。细分为数据采集运控、数据质控传输、数据归档、元数据管理与省级运控 5 个子过程(图 0.9)。

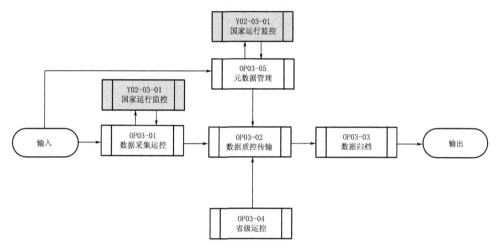

图 0.9 观测数据管理过程内部关系与中国气象局体系文件接口

观测装备保障定义了对于气象综合观测装备的维护保障与管理,该过程的输入:中国气象局的管理要求,各单位对于气象观测装备运行需求;该过程的输出:满足业务要求的气象观测装备,得到有效保存和管理的装备运行记录。细分为省级采购、台站采购、省级维护、台站维护、省级维修、台站维修、省级标定、台站标定和报废管理 9 个子过程(图 0.10)。

观测装备保障业务过程与观测系统业务分类对照表如表 0.2 所示。通过对各个观测系统搭载的观测业务进行梳理、分类分析,用一个管理流程图来标识所有观测系统的管理节点,在流程的绘制中,主要关注何种设备引用何种文件,与哪些过程互动,产生何种记录。如在省级周期性维护过程中,天气雷达、风廓线雷达与国家级自动站等设备的有以下几个特点:主体是省级单位,台站给予配合,时间频次为一年一次,停机时间为 1 至 3 天,需要外供方的配合并且部分设备的维护报告需要递交国家局相关单位,所以在将年维护任务划分为进行绘制。在台站维护过程中,天气雷达承担着日、周、月维护,国家自动站、大气成分站、高空探测承担月维护,而区域自动站与土壤水分站等站不需要日、周、月的维护,虽然时间频次不同,

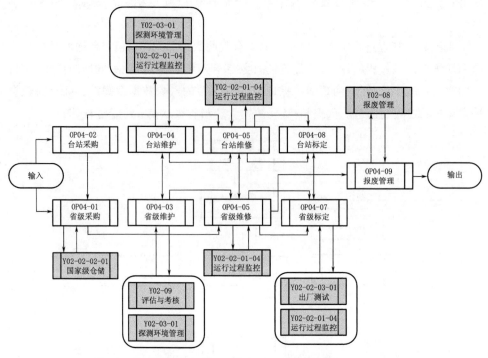

图 0.10　观测装备保障过程内部关系与国家局体系文件接口

但是标识参与此项过程的设备类型,标识台站维护中的管理节点与台站维修、外供方管理过程的互动,标识在该过程中产生的记录,使得业务人员通过最少的文件熟知该过程的管理流程。观测装备保障业务过程与观测系统业务分类的划分方式符合现行的业务规定。

表 0.2　观测装备保障业务过程与观测系统业务分类对照表

	台站维护	省级维护	台站维修	省级维修	台站标定	省级标定	装备报废	台站采购	省级采购
天气雷达	日、周、月维护表	年维护表	故障维修表Asom获取	故障维修表Asom获取	月定标报告	年巡检	报废记录	台站采购	省级采购
国家自动站	日、月维护	年维护表	故障维修表Asom获取	故障维修表Asom获取	——	年标定	报废记录	台站采购	省级采购
区域自动站	——	两年度维护表	故障维修表Asom获取	故障维修表Asom获取		两年度标定表	报废记录		省级采购
风廓线雷达		年维护表	故障维修表Asom获取	故障维修表Asom获取		年标定	报废记录		省级采购

	台站维护	省级维护	台站维修	省级维修	台站标定	省级标定	装备报废	台站采购	省级采购
大气成分	月维护	年维护表	故障维修表 Asom 获取	故障维修表 Asom 获取	——	年标定	报废记录	台站采购	省级采购
GNSS/MET	——	年维护表	——	故障维修表 Asom 获取			报废记录	——	省级采购
土壤水分	——	——	故障维修表 Asom 获取	故障维修表 Asom 获取		年标定	报废记录	台站采购	
高空观测	月维护	年维护表	故障维修表 Asom 获取	故障维修表 Asom 获取	月标定	年标定	报废记录	台站采购	

3）支持过程（SP）：

支持过程是指为支持、保障本管理体系各核心过程的正常运行所需的辅助性（非增值）过程。对于上海市气象局观测业务的质量管理而言，为管理体系的建立、实施和改进提供必要的资源支持和管理本局管理体系经识别的支持过程包括：人员管理、基础设施与资源环境管理、文件档案管理、外供方管理、仓储管理共 5 个过程。

人力资源及所需的培训如上海市气象局观测与预报处对中国气象局发文的解读及组织业务单位对本体系文件修订补充、国内外专家会议、组织人员国内外业务学习等；基础设施环境管理主要包含支撑管理过程、业务过程的软硬件平台，如开发的系统、完成各项任务的 ASOM 系统、MDOS 系统与 CIMISS 系统等相关平台、机房服务器、机房附属供电通信等设施设备，在业务支撑过程中所进行的管理与维护业务。外供方管理是在开展各项业务过程中，需要与第三方公司进行项目合作与业务委托等进行的业务管理，如区域站的维护维修管理、机房维保、通信链路租用与其他附属设施维护等。

0.2.3.3 PDCA 循环

"PDCA 循环"是管理学中的一个通用模型，是全面质量管理所应遵循的科学程序。PDCA 循环不仅在质量管理体系中运用，也适用于一切循序渐进的管理工作。

管理体系中关于质量的部分有制定质量方针、目标以及质量策划、质量控制、质量保证和质量改进等活动，体现了"PDCA 循环"的理念。全面质量管理活动的全部过程，就是质量计划的制订和组织实现的过程，这个过程就是按照 PDCA 循环,不停顿地周而复始运转。

"PDCA"的定义:

◆P(Plan)计划:包括方针和目标的确定,以及活动规划的制定。

◆D(Do)执行:根据已知的信息,设计具体的方法、方案和计划布局;再根据设计和布局,进行具体运作,实现计划中的内容。

◆C(Check)检查:总结执行计划的结果,分清哪些对了,哪些错了,明确效果,找出问题。

◆A(Action)处置:对总结检查的结果进行处理,对成功的经验加以肯定,并予以标准化;对于失败的教训也要总结,引起重视。对于没有解决的问题,应提交给下一个PDCA循环中去解决。

上海市气象局观测业务质量管理体系的核心检查过程是管理过程,每个过程的过程目标构成了总体质量目标,共为四个方面分别是:观测业务工作运行的效率,观测业务系统运行的可靠性,观测业务数据和服务的质量,服务对象满意度。与过程指标的对应关系如下:

◆观测业务工作运行的效率

(1)新站点建设项目按期完成

(2)业务准入和退出按期完成

(3)疑误数据反馈及时率

(4)保障活动及时率

(5)探测环境保护上报及时率

(6)定标及时率

(7)故障修复及时性

(8)采购完成及时率

◆观测业务系统运行的可靠性:

(1)系统可用性

(2)仪器装备运行稳定性(业务可用性)

(3)装备报废完成率

◆观测业务数据和服务的质量:

(1)数据传输及时率

(2)数据可用性

(3)疑误数据反馈及时率

(4)数据归档及时率

◆服务对象满意度:

(1)用户满意度

(2)用户反馈处理及时率

体系持续运行过程中,过程目标是否完成,未完成的原因及其应对措施形成循环递进,每个循环解决一些问题,未解决的问题进入下一个循环,这样就实现了螺旋阶梯式上升和持续改进。体系梳理明确运行操作要求之外,还应对各过程确定其绩效目标(过程质量目标),即针对该过程的有效性和效率设立可测量的目标指标,以便对该过程的绩效进行定期的监测评估,并通过对监测评估的结果进行分析汇总以识别可改进的机会,作为持续改进的输入,必要时对过程和体系的策划、顶层设计等内容进行变更调整。此次上海市气象局根据中国气象局相关职能司的考核要求对每个过程目标进行了计算方法的梳理与更新,逐步完善新建业务过程的考核标准,同时对考核指标的自动化提取分析提出建设构想,实现高效快速的管理与响应。

0.2.4 体系实施与运行

至此,基于"PDCA 循环""过程方法"和"基于风险的思维"等设计原则所策划的气象观测质量管理体系得到了初步建立。为了验证前期文件编写的合理性、实用性、有效性,识别改进机会,为体系的进一步完善提供改进的方向,为了收集相关记录或证据,为内审和管理评审积累基础资料,为外审提供审核证据,上海市气象局展开了为期三个月的体系试运行工作。体系试运行的主要步骤包括:体系文件的分发定位、体系文件的宣贯与实施、实施情况的日常检查、内审员培训、内部审核、不符合情况的整改、文件的再完善、管理评审等等。

按照《观测司关于气象观测质量管理体系试点建设试运行工作安排及要求的通知》有关要求,上海市气象局组织开展了观测质量管理体系内部审核工作。成立4 个专项组对 4 个职能处室、5 个业务单位、9 个区局进行内审,实现参建单位的全覆盖。通过近 20 天的现场内审,共填写形成 18 本内审检查记录表,发现的问题覆盖管理过程、业务过程、支持过程等三大类过程,共性问题主要有在标定管理规范不完全带来的管理动作缺失,元数据标准定义、变更监管与相关方互动机制不完整;外供方资质审查、业务质量与考核机制的问题,采购物资的出入库管理;质量例会内容的覆盖范围与深度不够;业务规定的补充修订与整编等方面,个性问题集中在业务的完成情况、计划的完整性与时效性、记录的完整性等。

内审组长组织各小组对问题清单进行研讨和梳理,逐一分析问题原因、提出意见和建议,并在规定期限内核实整改情况,并拟定内审末次会议通报的不符合项清单。开展业务整改,并通过召开内部审查末次会议的方式,将内审中发现的问题进行通报,由责任单位告知产生问题的原因,明确改进方法、制定改进措施。通过召开管理评审,从观测、预报、服务互动的机制、观测项目的开展、解决观测问题需要配置的资源等方面全面剖析问题,以管理评审推动机制的创建、推动观测项目任务落实,推动业务质量的提升。

此外,在体系试运行时,为全面了解局内外不同用户,对我局现行观测业务的需求和改进建议,编制了《上海市气象局气象观测业务满意度调查问卷》,分成内部用户、联动部门、企业用户、个人用户四个版本,对观测业务涉及的不同顾客进行全面调查。通过 NOTES 系统向内部用户调查、委托相关单位找服务对象(联动部门、企业用户)调查、局门户网站调查等多种方式,共收回内部用户问卷 64 份,联动部门问卷 14 份,企业用户问卷 28 份,个人用户问卷 44 份,通过对 150 份调查问卷的综合分析,上海市气象局对观测业务重视度很高(91.33%),观测业务人员技能水平良好(85%),观测数据的及时性(89.33%)、准确率(90.67%)良好,观测产品种类或数量比以往有很大提升(90.67%),观测数据为他们工作生活带来了很大便利(92.66%)。但用户对观测项目(60%)、天气现象(61.33%)的了解不足。观测质量管理体系试运行以来,市民信箱收集到的涉及观测业务的咨询、建议类用户反馈 3 例,均在规定时限内予以圆满解答,顾客满意度情况总体良好。

建设观测业务质量体系是对现有业务的管理模式的梳理与改进,在体系的运行中,各岗位清楚地知晓其职责、任务、目标与考核是体系运行的基础。体系运行效率的评价依靠各项业务与管理流程的契合程度,是否清楚地识别了涉及的相关方与相关风险、管理流程匹配的资源、管理过程间的互动机制以及相应产生记录文件等。在体系中,管理过程的绩效直接影响体系运行的效率,需要在运行中不断总结不同周期的管理手段以及效用发挥的程度,判断影响效率的主要因素或制约机制,寻求解决手段。

0.3 体系建设总结

0.3.1 体系建设绩效

上海市气象局的气象观测质量管理体系建设工作,自 2017 年正式启动,至 2018 年 9 月底通过中国质量认证中心(CQC)的审核认证,历时一年多,共计完成风险梳理 45 项、流程图绘制 61 张、梳理与设计记录表单 105 个、编制了 34 份体系文件,并确定了每个体系文件的目的、范围、术语、职责、工作程序、记录表单、过程绩效监测、风险机遇控制与相关支持性文件等要素,总计撰写文件达 418 页。通过本次质量管理体系建设,上海市气象局观测系统健全了业务管理体制,识别并控制了业务风险,厘清了观测业务中的交叉环节,使得业务类别日渐清晰,业务管理逐步正规高效,促进了业务管理的规范化与集约化,管理水平得到全面提升。

0.3.1.1　业务风险应对

1)建立了考核评估方法

原本对于已决定的事项或已明确的工作要求,观测与预报处在下发通知之后普遍缺少后续的跟踪和监督检查,如:部分新制订的文件由观测预报处下发后一些单位未从公文系统中及时获取,有的甚至毫不知情;有的单位因为缺乏认识或重视程度不够导致未按文件要求执行,如维修之后没有填写《故障单》,数据集导入业务系统之后未对结果进行核查等等。对于上述情形观测与预报处往往未能及时识别与发现,也就无法有效推动纠正和改进。

此次建立一套涵盖观测业务工作运行效率、系统运行可靠性、观测业务数据和服务的质量和服务对象满意度的评价方法。由信息中心收集相关数据上报到业务处,进行月度与年度考核,及时发现不合格的业务质量,对排名靠后或低于平均值的单位进行后续的业务跟踪与检查,跟踪业务建设与应用情况,及时发现业务空白、解决业务上的风险。原本对于已发现的问题往往只有就事论事的纠正。例如对于台站设备故障、系统机房故障等故障的处理均有单独的记录,但缺少进一步的汇总统计分析以识别其中系统性的问题及防止再发出的改进措施,建立系统化的持续改进机制。

2)建立了业务准入过程

原本新设备、新系统的引入过程中,更多地关注了对设备、系统本身符合性的验收,但对于能否能够纳入常态业务进行长期有效运行则缺少相应的评估机制,导致新设备新系统在后续业务开展过程中因前期对问题的识别和管理策划不足而产生风险。

上海市气象局印发《上海市气象局气象业务系统准入和退出管理办法》的通知,规范观测系统业务准入的流程与环节。为减少观测系统安装后即投入使用的风险后,采用业务准入制度,对即将进入业务序列的各类新型观测系统由专家委员会进行统一的评价与判定后进入业务使用。

3)提升监控时效

随着无人观测业务的发展以及观测时效的要求提高,体系对监控业务进行分级,实现省台的有效互动,实现故障险情可查可控可管理。信息中心内部进行数据流梳理,实现重要数据从采集到中心站"一步到位";实现业务系统值班优化,采用 CIMISS 值班为主,ASOM 与 MDOS 值班为辅的监控管理流程,共享资源信息,节约值班人员成本;针对无人值守观测业务的升级,开发无人值守观测业务平台,进行可视化数据监控,提升数据采集监控时效。

4)进一步规范了数据汇总工作

为了解决目前信息基础资源"低、小、散"问题,大力提升业务系统一体化水平,提高气象信息共享面与共享效率。上海市气象局印发《上海气象信息化重点工作(一体化业务系统)推进方案》按照"一个数据云平台,一套业务系统,一个共享平台"的布局思路开展建设。针对我局部分数据未实时汇交以及建立资源池的发展目标,出台数据汇总登记标准模板与汇交制度,实现数据的集约化管理,出台《上海市气象局气象数据内部共享管理办法》,解决数据汇总、共享与管理难题。上海市气象信息与技术支持中心出台《关于加强气象数据共享服务业务管理的通知》,规范数据共享方式与手段。规范实时与历史数据存储、转存等责任划分。

5)完善了元数据管理

观测装备元数据的应用需求越来越广泛,但是对于元数据的收集、存储和变更缺少有效的动态监控管理机制。主要体现在:各站点上报的元数据格式存在不一致、不规范的现象,为后续元数据管理的展开带来不便;各站点的元数据变更缺乏相关流程和规定,缺乏相关监管机制等等。通过元数据管理程序规定了元数据上报、跟踪下发与平台对接机制。出台《关于做好观测设备元数据管理工作的通知》,加强元数据要素收集、变更与存储。在崇明东滩大气成分站迁站过程中以及区局自动站迁站过程中 严格遵循设计的业务流程,通知到相关方,实现了业务系统元数据变更的有效受控。

6)加强了对计划的重视

原本对于工作方案或计划的策划、审批普遍缺乏重视。对于观测设备的标定、维修等工作事项,相关人员事先往往缺少细致的策划,如预计的时间、资源、具体方案等,实施之前也缺少必要的评审与审批,从而导致相关过程不能有效受控。目前经过体系建设,已通过新建的各程序文件对各过程的方案策划及评审审批等环节进行了完善,确保相关过程从源头即开始受控。同时极大提升了各参与方风险意识。

7)进一步明确了观测设备维护责任划分

通过梳理业务文件,对观测业务进行初步的责任划分与故障划分,实现重大任务省局承担,计算机、供电等基础资源与微小故障台站承担,其他故障由指导与现场解决相结合的方式共同维护解决的机制。出台了《关于规范区域站维护维修工作的通知》，《关于规范观测设备出入库登记制度的有关要求》，提高重大故障及时上报记录的风险意识，做到文件记录可追溯。

8）实现了值班记录标准化

针对上海市气象局各个区局台站记录分散且不统一的风险。此次体系建设中，以崇明气象局值班流程为指导，以宝山观测项目为模板，以青浦区气象局为补充的方式，通过了上海市气象局综合值班日志，将观测预报服务流程给出指导，将观测项目细化，将值班记录标准化，形成上海地区所有业务标准化，有利于业务的开展与交流。各个区县台站在模板基础上增加个性化的要素，形成区局综合业务岗的集约化管理。

9）强化了标准规范执行

通过体系建设进行国家级观测业务文件的整编。整编了 2005 年至 2018 年中国气象局观测司、预报司以及我局的观测业务文件、规定规范等共计 416 条。此外，由于不同观测系统的观测业务不同，观测规范不同，观测上任务的可执行度不一致。在体系建设文件梳理时，将业务种类与要求进行分析，对于执行难点重点加强管理，重点检查制度的缺失等。上海市气象局下发了《关于完善 ASOM 系统填报工作的通知》，明确相关任务要求；下发了涉及科技、业务与服务的规定废止清单；

10）加强了外供方管理

上海市气象局各单位采用多个服务外供方。其中为了解观测业务外供方的总体情况，自 2018 年 7 月底起组织开展了各单位的外供方绩效评价。经评估，现有外供方的能力基本能够满足本单位观测业务的要求，但在部分观测业务物资和服务提供上仍需加强，目前问题点主要集中在以下几个方面：往往缺少特殊资质收集；根据中国气象局下发的《自动气象站保障暂行规定》《区域气象观测站社会化保障暂行规定》等文件要求，日常维护应包括现场环境勘察、外观检查、运行情况检查包括采集数据并比对性能和综合质量、清洁传感器与采集器等事项；但签订的服务合同或协议条款要求不充分，未在设备维护具体项目、频次、留痕与维保质量上进行明确的规定，存在装备维修不及时的情况；外供方未按规定要求进行表单填写和提供必要的服务报告；提供产品后的售后服务保障需要加强。此外，上海市气象局下属各区局对于自动区域站的定期维护基本都委托同一单位实施，各单位分别与其签订合同，既不利于中国气象局观测司对于区域自动站相关维护维修要求的统一贯彻落实，也不利于商务谈判过程中对于外包预算资金的优化统筹。

对于上述问题，目前已建立了外供方管理程序，针对从外供方选择至对外包服务管理全过程增加了对应的控制点，如资质收集、合同增加技术标准、外包服务报告要求、外供方绩效评价等,上海市气象局出台了《关于规范观测业务外供方管理的相关要求》。各单位加强对外供方的考核监督,确保按时完成维护维修工作;维护维修等应要求外供方提供相应的符合规定的报告或记录,各单位应收集外供方的质保材料,确保做到入库验收,签订质保合同;及时掌握外供方的资质情况,保留资质证明材料。针对我局区域自动站统一外包服务的业务风险,针对部分网络设备、服务器维保与观测基地存在外包服务的情况,采用统一的外供方管理评价制度,对外供方开展服务的时间、效率与质量定量检查,对外供方集体进行评价,实现外供方全局范围内的统一管理。

11)基础设施管理升级

体系将支持业务过程中的各项计算机资源、业务平台、网络资源与附属系统等统一归类为基础设施,它们是支撑体系所有过程的软硬件资源。针对梳理出的存储容量资源与网络安全等风险,信息中心对硬件进行了扩容、软件平台进行升级、对重要业务系统进行双备份实现无缝隙业务系统的切换,对重大观测系统如天气雷达实现通信线路双路备份。为做好气象信息网络防病毒和防入侵工作,上海市气象局出台《关于进一步加强气象信息网络防病毒和防入侵工作的通知》,建立了网络安全告警与应急管理机制,建立业务流量可视化分析平台,感知用户行为,分析异常活动,下发《气象信息网络安全防护技术措施》与《气象信息网络安全自查报告》。信息中心出台了《关于进一步加强业务系统故障记录和报告分析工作的通知》,建立重大故障分析通报制度,加强业务系统运行监控及保障工作。

12)完善了仓储管理

各单位对于仓储管理普遍不够重视,对于采购的物资如设备、配件与消耗品等缺少到货后的验收确认记录,仓储过程中也往往缺少收发领用记录,仅进行定期盘点,使用过程中的数量变化实际未受控。另一方面,各区局由于预算资金有限,场地的限制与对物流的依赖性,对于一些关键设备备件"一备三"或"一备五"的要求无法真正满足,一旦真正发生需要维修更换的情况,影响维修的及时性。

对于上述问题,目前已初步建立了仓储管理程序,加强物品与系统的验收,并对明确规定的雷达分级备件逐步购买,对于没有明确规定的设备备件按照最低配备购置。与厂家建立应急响应机制,确保自动站等重大备件即时出库到站。对于全局备件采购仓储的集约化管理,已正式提上后续改进日程。

0.3.1.2 人员能力提升

建立了一支熟悉业务、懂管理的人才队伍。在体系建设最初,成立了体系建设工作团队(内审员),包含上海市气象信息与技术支持中心下属科级负责人、各区局局长台长等中层和基层管理人员以及以资深业务人员、技术骨干等为代表的基层操作人员等。在体系建设期间,上海市气象局邀请技术专家针对管理体系先后共进行了 4 次专项培训,召开专家咨询会 20 余次、召开涵盖主要领导成员的工作推进会 4 次、开展体系建设主要工作团队的业务对接会 40 余次,通过这些培训及研讨会议帮助整个团队了解并掌握了 ISO 管理体系的理念与要求,最终培养了一批既熟悉业务、又懂 ISO 管理的人员。

0.3.1.3　推广应用

根据《中国气象局关于印发 2018 年全国气象局长会议文件的通知》会议精神、《全国推进气象现代化行动计划(2018—2020 年)》《气象观测质量管理体系第一批推广建设工作方案》《中国气象局关于印发气象观测质量管理体系建设总体方案的通知》等有关文件要求,2018 年底,中国气象局观测司组织召开的观测质量管理体系第二批试点建设推广会议。2019 年 3 月,上海市气象局综合观测质量体系团队面向全国气象观测质量管理体系建设培训。主要针对质量管理体系理念与工作的结合情况、质量管理体系开展的方法与步骤、体系开展的效益总结等进行了沟通与探讨。在中国气象局下发的体系模板中,在整体框架、设计思路、文件的数量与程序文件内容上,对上海市气象局观测质量管理体系建设给予充分的肯定。根据《气象观测质量管理体系第一批推广建设工作方案》,上海市气象局的项目成果与建设经验已推广至北京、河北、辽宁、安徽、福建、江西、河南、海南、重庆、贵州等各省(市)气象局,第二批试点单位依次推广展开,全国气象行业内开展综合观测质量管理体系的建设、思考与质量提升。

0.3.2　体系建设思考

0.3.2.1　重视顶层设计

国家战略的发展、科技水平的进步及社会经济发展的服务需求对上海气象的发展提出要求与挑战。质量体系的顶层设计如每五年计划或更久的发展规划、愿景、方针与目标决定着业务的发展走向,在此基础上识别并建立体系运行的过程,再按照过程确定控制文件和作业流程。

顶层设计的识别与推进需要中高管理层的共同参与。上海市气象局体系建设过程中,各区局、事业单位主管领导积极参与风险调研、献计献策,管理部门思考业务难题与管理瓶颈,最高管理层对任务目标的阶段划分与发展思路是科学推进顶层设计最重要的因素。在顶层设计的前提下,站在管理的视角出发,关注基于风险的监视测量及控制要点,而不是具体的操作细节,为此形成逻辑清晰,层层递进深入的体系架构,确保过程与过程之间明确的输入输出关系,形成全员共识,才是持续运行的基础与保障。

0.3.2.2 宣贯培训的重要性

气象观测质量管理体系是系统工程,各层级相关人员须全员参与、行动一致,上下联动、左右配合。基于本次体系建设的经验教训,相关的宣贯培训力度应大幅加强,并贯穿体系建设的全周期,从前期理念宣导到过程识别、文件编写、内部审核直到外审中不符合项的整改。为提高建设效率,宣贯培训应从始至终贯穿体系建设,在建设前期应该重点澄清对质量管理体系建设的理解偏差,在建设中期总结回顾前期的弯路以及寻求问题的解决,在建设的后期进行编写文件的宣贯,确保管理理念与管理流程落实到人、落实到岗位。为了能够完全达到预期的目的,有必要扩大培训的力度和次数、周期,边建设边总结,以体系建设的实践推动对体系的理解。

0.3.2.3 机制的优化与推动

上海市气象局观测业务质量管理体系的架构分为四大方面:以数据流为主的业务导入、业务准入与观测数据管理过程,为数据采集设备即观测系统的观测装备保障过程,支撑数据管理过程与装备维护保障过程的支持过程,以及执行检查管理前三个过程的管理过程。质量管理建设的绩效更容易体现在区局与事业单位内部,而省台之间的数据交付与业务分工、管理部门与省、台之间的互动、国省台条线上的管理互动是影响体系效率的关键因素。在中国气象局新业务的落实过程中,对中国气象局管理规定的解读以及业务管理规定本地化的制定是细化任务、分配职责保障任务顺利落实的重要手段,也是源头解决过程与过程之间业务界限的有效手段,在任务落实与阶段性反馈的机制中实现任务绩效的跟踪。此外,在数据反馈端到数据采集端的反馈机制中,管理部门间合作互动,依靠"智慧气象"等重点项目推进,运用物联网等科技进步成果,提升反馈效率,实现数据交付前数据质量控制与数据管理控制。在仓储管理的过程中,依托现有快速发展的物流业,依靠装备中心的技术与管理,建立高效互动的响应机制,实现经济快速安全的管理模式。此外,在体系建设的建设过程中,仍然有尚未完全理顺的机制需要借助重点任务的建设同步推动,在体系的持续运行与改进中进行深入的思考。

0.3.2.4 保持文件的系统化

体系文件的系统化保持是体系建设与体系持续运行的难点,主要包括文件梳理、由谁梳理,文件梳理的结果交付给哪些部门,通过什么方式高效的互动,互动的结果如何跟踪等等。管理部门应将气象系统规范性文件的梳理、系统化整合等工作置于较为优先的环节。在制定文件时,临时性文件均应标明有效期,到期后的处置方式应当明确；需要长期执行的文件应转化为程序文件固化下来，若上级部门有新的要求或指示则应对原有程序文件进行修订补充，进行系统的延续而非"打补丁"增加文件，最终操作的依据形成纳入体系运行，如此方可避免文件的碎片化，真正建立一套系统化、文件化的管理体系。

0.3.2.5 建立激励绩效机制

在重大项目建设、重大任务落实与日常业务执行中，激励技术骨干与管理骨干提升业务绩效，是推动整体业务体系持续运行与提升的关键因素。体系建设需要借鉴其他行业的优秀经验，为气象部门所用提升业务质量。体系建设的单位之间可以互相借鉴优秀的做法，并在全局范围内推广应用，这离不开体系支持过程中人力资源管理与建设。在业务管理部门考核机制的同时，建立提高业务质量的激励绩效机制，全面提升业务质量。目前，上海市气象局在科技成果认定、业务成果认定以及科技评奖等多种手段上给予充分的支持与肯定，推出多种人才政策与之配套。持续进行人才管理的优化，激励机制的优化，实现人才内驱力与能动性提升，是保障高业务质量与高创新应用的现代化管理手段，实现体系的坚实支撑。

第1章

上海市气象局观测业务质量管理体系质量手册

1.1　方针目标

1.1.1　上海市气象局简介

上海市气象局实行上级气象主管机构与本级人民政府双重领导,以上级气象主管机构领导为主的管理体制,在上级气象主管机构和本级人民政府领导下,根据授权承担上海行政区域内气象工作的政府行政管理职能,依法履行《中华人民共和国气象法》和气象主管机构的各项职责。

(1)制定上海地方气象事业发展规划、计划,并负责上海行政区域内气象事业发展规划、计划及气象业务建设的组织实施;负责上海行政区域内重要气象设施建设项目的审查;对上海行政区域内的气象活动进行指导、监督和行业管理。

(2)按照职责权限审批气象台站调整计划;组织管理上海行政区域内气象探测资料的汇总、分发;依法保护气象探测环境;管理上海行政区域内涉外气象活动。

(3)在上海行政区域内组织对重大灾害性天气跨地区、跨部门的联合监测、预报工作,及时提出气象灾害防御措施,并对重大气象灾害作出评估,为上海市人民政府组织防御气象灾害提供决策依据;管理上海行政区域内公众气象预报、灾害性天气警报以及农业气象预报、城市环境气象预报、火险气象等级预报等专业气象预报的发布。

(4)组织管理雷电灾害防御工作,会同有关部门指导对可能遭受袭击的建筑物、构筑物和其他设施安装的雷电灾害防护装置的检测工作。

(5)负责向上海市人民政府和同级有关部门提出利用、保护气候资源和推广应用气候资源区划等成果的建议;组织对气候资源开发利用项目进行气候可行性论证。

(6)组织开展气象法制宣传教育,负责监督有关气象法规的实施,对违反《中华人民共和国气象法》有关规定的行为依法进行处罚,承担有关行政复议和行政诉讼。

(7)统一领导和管理上海行政区域内气象部门的计划财务、机构编制、人事劳动、科研和培训及业务建设等工作;会同区县人民政府对区县气象机构实施以部门为主的双重管理;协助区县党委和人民政府做好当地气象部门的精神文明建设和思想政治工作。

(8)负责华东区域灾害性天气的跨省联防、气象业务及科研开发的协作协调和技术交流协调。

(9)承担中国气象局和上海市人民政府交办的其他事项。

1.1.2 管理体系方针

1.1.2.1 使命与愿景

依靠科技进步,优化完善全市探测系统布局,强化城市立体观测能力,推进综合观测发展速度、规模、质量和效益相协调,提升综合观测稳定性,不断满足数值模式、天气业务、气候业务、气象服务发展需求。

1.1.2.2 质量方针

科学管理 重质提效 持续发展 创新领先

(1)科学管理:着力构建以科学标准为基础、高度法治化的现代气象管理体系,以系统化、目标导向、PDCA等科学管理理念指引符合客观规律的管理方法,完善管理制度,提升集约化管理水平。

(2)重质提效:以满足用户需求、满足上级部门要求为导向,聚焦于保障综合观测数据和服务的质量,提升综合观测稳定性、可靠性及运行效率,全面实现令各相关方满意的工作绩效。

(3)持续发展:依靠科技进步,把握"云计算"、物联网、移动互联网、"大数据"等新信息技术发展及气象观测智能化发展的时代脉搏,持续优化完善全市探测站网布局,持续增强多元化、专业化、精细化的气象观测能力。

(4)创新领先:面向世界科技前沿、面向经济主战场、面向国家重大需求,着力构建聚焦核心技术、开放高效的气象科技创新和人才体系,推动气象观测技术创新、原理创新、概念创新和思想创新,为新气象综合观测体系的建立贡献强大活力。

1.1.3 总体质量目标

根据上海市气象局制订的综合观测发展战略方向及质量方针,同时借鉴国外同行业的先进经验,上海市气象局综合观测质量管理体系的总体质量目标约为四个方面,分别是:综合观测工作运行的效率,综合观测系统运行的可靠性,综合观测数据和服务的质量,服务对象满意度。

综合观测工作运行的效率:

(1)新站点建设项目按期完成

(2)业务准入和退出按期完成

(3)疑误数据反馈及时率

(4)保障活动及时率

(5)探测环境保护上报及时率

(6)定标及时率

(7)故障修复及时性

(8)采购完成及时

综合观测系统运行的可靠性:

(1)系统可用性

(2)仪器装备运行稳定性(业务可用性)

(3)装备报废完成率

综合观测数据和服务的质量:

(1)数据传输及时率

(2)数据可用性

(3)疑误数据反馈及时率

(4)数据归档及时率

服务对象满意度:

(1)用户满意度

(2)用户反馈处理及时率

注:上述质量目标将在各职能层次及过程上得到进一步细化的相应目标指标的支撑,详见《目标指标管理表》

1.2　管理体系范围

1.2.1　组织架构

上海市气象局观测质量管理体系范围所涉及的组织架构如图 1.1 所示:

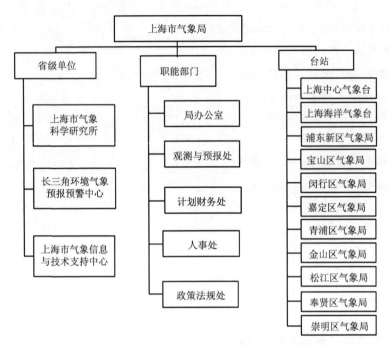

图 1.1 上海市气象局观测质量管理体系组织架构图

注:对各部门职责与权限的界定详见各部门《三定方案》中的描述,业务类型分类详见认证范围。

1.2.2 认证范围

上海市气象局管辖范围内的气象综合观测管理主要是中国气象局考核的业务系统所涉及的观测系统的业务管理。观测系统类型、台站负责部门以及省级负责的部门对应关系如表 1.1 所示:

表 1.1 观测系统类型、台站负责部门以及省级负责部门对应关系

观测系统类型	台站负责部门	省级负责部门
天气雷达	信息中心探测设备运行保障科	上海市气象信息与技术支持中心
风廓线雷达	嘉定区气象局、金山区气象局、奉贤区气象局、松江区气象局、上海海洋气象台、信息中心探测设备运行保障科	上海市气象信息与技术支持中心

续表

观测系统类型	台站负责部门	省级负责部门
国家级自动站	各区气象局、上海中心气象台	上海市气象信息与技术支持中心
区域自动站	各区气象局、上海海洋气象台 信息中心仪器开发与检定科	上海市气象信息与技术支持中心
GNSS/MET	上海市气象科学研究所	上海市气象科学研究所
大气成分	长三角环境气象预报预警中心	长三角环境气象预报预警中心
土壤水分站	松江区气象局	上海市气象信息与技术支持中心
探空	宝山区气象局	上海市气象信息与技术支持中心

1.2.3　场所位置

上海市气象局及下属上海中心气象台、上海市气象科学研究所(以下简称"气科所")、上海市气象信息与技术支持中心(以下简称"信息中心")、长三角环境气象预报预警中心(以下简称"环境中心"):上海市徐汇区蒲西路 166 号

上海海洋气象台:上海市浦东新区临港新城海基六路 36 号;

浦东新区气象局:上海市浦东新区锦绣路 951 号

宝山区气象局:上海市宝山区友谊路 1888 号

闵行区气象局:上海市闵行区莘浜路 555 号

嘉定区气象局:上海市嘉定区世盛路胜竹路口

金山区气象局:上海市金山区杭州湾大道 1228 弄 1 号

松江区气象局:上海市松江区气象路 323 号

青浦区气象局:上海市青浦区外青松公路 7001 号

奉贤区气象局:上海市奉贤区金海公路 2225 号

崇明区气象局:上海市崇明区城桥镇一江山路 389 号

1.2.4　标准适用性说明

本管理体系适用 ISO 9001:2015 标准的全部条款要求。

1.3 管理体系概述

1.3.1 管理承诺

上海市气象局最高管理者将通过以下活动,对建立、实施管理体系并持续改进其有效性和遵守有关法律法规及其他要求的承诺提供证据:

(1)确定组织结构,明确各部门在体系中的职责和权限的分配;

(2)为管理体系的建立、实施和改进提供必要的人力资源及所需的培训、组织的基础设施(场所、设施、监视测量设备)及所需的管理维护,以及技术、财力和信息等资源支持并确保资源的获得;

(3)采取培训、宣传资料或会议等方式向组织成员传达满足相关方和法律法规要求的重要性,树立和增强全员的质量意识和服务意识;

(4)建立与相关方进行信息交流的顺畅渠道,确定相关方的需求和期望,并将其转化为要求;认真分析和处理相关方信息反馈和抱怨,以采取相应的纠正、预防或改进措施达到相关方满意;了解相关方当前和未来的需求和期望,并及时识别收集、更新相关的法律法规要求;

(5)为管理体系的建立和实施提供指导和框架,制定文件化的管理方针并促进管理体系目标的实现,使全体成员充分理解并为实现方针和目标而努力;

(6)定期主持管理评审,通过管理评审对管理方针不断地适时检查,并对管理体系的适宜性、充分性和有效性进行评价,以持续改进管理体系的绩效。

1.3.2 战略分析规划

1.3.2.1 主要的风险与机遇

综合气象观测系统是上海气象现代化业务体系的重要组成部分。近年来,上海市气象局综合综合观测发展综合气象观测能力、综合观测稳定运行能力与观测质量效益大幅提升。随着中国气象局气象现代化"手段、过程、产品、管理"四综合的建设要求,对综合气象观测发展提出更高的要求。综合观测体系存在着一些突出问题和制约瓶颈,主要表现在:

(1)以科学需求与业务需求为牵引的观测规划、站网布局与统筹持续发展的能力需进一步增强,观测系统建设设计中不同观测手段的互补、协同的综合利用能力不足。

(2)综合观测从获取到应用环节众多,综合气象综合观测体系上下层级复杂,各环节责任不明确清晰,风险环节增多。信息化、集约化与标准化能力建设需要加强。

(3)综合观测的重叠与交叉日益增长,人员投入与业务质量的提高不成正比,科技手段的应用不足,综合气象观测运行效率需要提升

(4)以观测质量和效益为核心的考核机制尚不全面,满意度为指标的反馈改进机制尚不完善,造成业务质量无法及时反馈、修正,业务持续跟踪与管理能力亟待增强。

1.3.2.2 应对风险与机遇的主要战略措施

根据上海市气象局最高管理者对于气象综合观测的总体发展规划及对于现有风险机遇的识别和分析,在"十三五"期间,将主要推进以下几项重点举措:

(1)强化科学规划,强化执行观测行动计划,强化项目导入标准化;

(2)完善业务准入、评估与持续跟踪制度;

(3)推进地面观测自动化,科技手段提升业务效率。

(4)建立标准化数据共享平台,建立元数据动态管理。

(5)强化气象装备保障职能,建立并健全仓储制度和采购制度。

(6)提升维修维护集约化管理水平,实现对全局外供方及部分备件的统一管理。

——对于上述规划和措施,均通过融入管理体系各过程及通过目标绩效的制订和测量分析来实现,在每年的管理评审中作为输入进行评价,并在必要时进行调整变更。

1.3.3 体系运行有效性评价

本局最高管理者为了确保能够定期获得适当的数据和信息以评价管理体系运行符合性及有效性,同时为了能够及时识别体系改进的需求并推动不断循环的持续改进、以持续提升管理体系绩效,建立了对管理体系的运行结果进行系统化评价的机制。

本局管理体系的监测、分析评价与改进机制主要包括:定期绩效(质量目标)监测、定期业务例会、用户满意度监测、内部审核及管理评审等涵盖不同层级、不同频次的多种具体实施形式,并分别建立了《考核评估与分析改进管理程序》《内部审核管理程序》《管理评审管理程序》等相关制度予以指导、管理和控制。如表1.2所示:

表 1.2　体系运行有效性评价形式一览表

监测评价形式	频次	主要的输入	主要的输出	牵头部门	对应制度
绩效监测	月度	目标指标管理表 绩效指标达成情况	综合观测质量月度报告	观测预报处	
业务例会	季度	上次业务例会决议事项的落实情况 当季度各月质量报告所识别的改进机会	业务例会会议纪要 各部门改进计划及跟踪验证记录	观测预报处	《考核评估与分析改进管理程序》
用户满意度监测	年度	用户满意度调查问卷 数据用户日常反馈	年度满意度汇总报告	观测预报处	
内部审核	年度	管理体系运行情况	内部审核报告 不符合项报告	管理者代表	《内部审核管理程序》
管理评审	年度	各部门年度工作总结（含质量目标及重点任务达成情况） 内审及外审情况 数据用户满意度及日常反馈情况 外供方的绩效表现 各部门对资源的需求 以往管理评审所提改进措施的实施情况 战略发展规划在本年度的实现情况	管理评审报告或管理评审会议纪要 体系适宜性评价 体系变更或调整的事项 资源配备或调整的事项 各部门改进计划及跟踪验证记录	最高管理者	《管理评审管理程序》

1.4　管理体系过程

1.4.1　管理体系过程概述

本局依据标准要求、法律法规要求以及相关方要求,结合内外部环境及实际运行状况建立、实施和保持以"过程"形式定义的管理体系,并对管理体系过程的有效性进行持续改进。

本局管理体系所需的"过程"识别为管理过程(MP)、业务运行过程(OP)和支持过程(SP)三个大类共 11 个过程,并将标准的要求体现在相应的过程中(见表1.3《管理体系过程清单》),且明确了这些过程之间的相互关系(见图 1.2《管理体系过程关系图》),明确了每个过程的输入、活动、输出、职责分配、过程绩效、过程主要风险应对措施、过程的控制准则(相关文件)等管理要素(详见后续各章节对各过程的具体描述)。

(1)管理过程(MP)

是指在战略指导层面对组织及管理体系进行管理的领导层级过程。

本管理体系的管理过程包括:战略规划分析与体系策划建立、绩效评价与分析改进等共 2 个过程。

(2)业务运行过程(OP)

通常又称为"核心过程",是指组织为业务的实现和运行以达到预期结果的一切过程,是组织实现其存在使命的核心增值过程。

本管理体系的业务运行过程包括:项目导入管理、业务准入管理、观测数据管理、观测装备保障等共 4 个过程。

(3)支持过程(SP)

是指为支持、保障本管理体系各核心过程的正常运行所需的辅助性(非增值)过程。

本局管理体系的支持过程包括:人力资源管理、办公设施环境管理、文件档案管理、外供方管理、仓储管理等共 5 个过程。

1.4.2 管理体系过程关系图

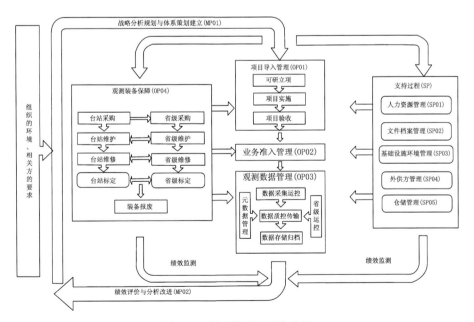

图 1.2 管理体系过程关系图

1.4.3 管理体系过程

表 1.3 管理体系过程清单

类别	过程名称		主责部门	相关部门	涉及 ISO 9001：2015 标准条款	绩效目标
管理过程（MP）	MP01 战略分析规划与体系策划建立	MP01-01 风险分析与战略规划	最高管理层	观测预报处	4.1、4.2、6.1、8.1、9.1.3e)、10.2.1e)	总体质量目标达成
		MP01-02 体系总体设计与变更			4.3、4.4、5、6.2、6.3、7.1.1、7.4、8.1、9.1.1、10.1	
	MP02 绩效评价与分析改进	MP02-01 考核评估与分析改进	最高管理层	各部门	9.1.2、9.1.3、10.2、10.3	监测评价按期实施改进事项按时限关闭用户反馈处理及时率
		MP02-02 内部审核与整改			9.2、10.2	
		MP02-03 管理评审与改进			9.3、10.3	
运行过程（OP）	OP01 项目导入管理	OP01-01 可研立项	各单位	观测预报处	6.2、7.1.3、7.1.4、8.2、8.3、8.4、8.5、9.1.3、10.2	项目进度按预期达成
		OP01-02 项目实施				
		OP01-03 项目验收				
	OP02 业务准入管理		观测预报处	各单位	6.2、8.2、8.5、8.6、8.7、9.1.3、10.2	业务准入退出按期完成
	OP03 观测数据管理	OP03-01 数据采集运控	各站点	运行监控科数据管理科	6.2、7.1.3、7.1.4、7.1.5、7.1.6、7.5.3、8.2、8.4、8.5、8.6、8.7、9.1.2、9.1.3、10.2	观测数据上行及时率观测数据可用率疑误数据反馈及时率系统可用性数据用户满意度
		OP03-02 数据质控传输	数据管理科	各单位		
		OP03-03 数据存储归档	信息档案科数据管理科	各单位		
		OP03-04 省级运控	信息运控科	各单位		
		OP03-05 元数据管理	数据管理科	观测预报处		

类别	过程名称		主责部门	相关部门	涉及 ISO 9001：2015 标准条款	绩效目标
运行过程（OP）	OP04 观测装备保障	OP04-01 省级采购	各省级单位	各单位办公室	6.2、7.1.3、7.1.4、7.1.5、8.4、8.5、8.6、8.7、9.1.3、10.2	仪器装备运行稳定性系统可用性观测设备故障率平均故障修复时间保障活动及时率定标及时率探测环境上报及时率
		OP04-02 台站采购	各站点	各单位办公室		
		OP04-03 省级维护	各省级单位	各省级单位		
		OP04-04 台站维护	各站点	各站点		
		OP04-05 省级维修	各省级单位	各省级单位		
		OP04-06 台站维修	各站点	各站点各省级单位		
		OP04-07 省级标定	各省级单位	各省级单位		
		OP04-08 台站标定	探测科	仪器检定科各站点		
		OP04-09 报废管理	各单位	各单位办公室		
支持过程（SP）	SP01 人力资源管理		人事处	各单位办公室	7.1.2、7.2、7.3	年度考核不合格率培训参加完成率
	SP02 文件档案管理		观测预报处局办公室	各单位办公室	7.5	文件受控率记录保存完好率
	SP03 基础设施环境管理		各单位相关科室	局办公室各单位办公室	7.1.3、7.1.4	①费用支出不超预算②各系统、平台平均无故障时间
	SP04 外供方管理		各单位	观测预报处各单位办公室	8.4.1	外部产品或服务的质量达标
	SP05 仓储管理		各单位	各单位	7.1.4、8.5.3、8.5.4	出入库记录完成率

注：表中"各省级单位"是指：信息中心、气科所、环境中心；"各站点"是指中心气象台、海洋台及各区局的相关气象观测站点；"各单位"则指具备独立法人资格的上述各省级单位及各区局；"各部门"则包括体系覆盖范围内的所有单位和部门（包括职能部门）。

1.5 管理过程描述

1.5.1 战略分析规划与体系策划建立(MP01)

1.5.1.1 风险分析与战略规划(MP01-01)

上海市气象局最高管理者考虑到综合观测内部环境和外部环境事宜,以及相关方要求对体系运行情况的影响,结合收集信息和分析,确定所需要应对的风险和机遇,并制定相应的战略规划。其中:

(1)主要的输入

① 需考虑的外部环境事宜:

国外先进气象综合观测水平的不断提高;

气象灾害防治等需求的增加;

政策、法律法规的变化;

新技术的产生;

WMO 组织的管理理念和发展方向。

② 需考虑的内部环境事宜:

上海市气象局最高管理者对本单位发展的意向、宗旨及战略定位;

上海气象局管理理念与价值取向;

人员配备及其能力、意识、知识和绩效等方面的现状;

设施和设备等资源配备和管理现状。

③ 需识别的相关方:对所有相关方的识别,并识别确定其要求、需求和期望,包括:

客户:业务需求单位(预报服务、机场、防汛指挥部等),科研需求相关单位;

上级单位:中国气象局,上海市政府等;

相关职能机构:上海土地资源规划局,各区县政府,上海物资管理处等;

服务供方:设备维护、维修外包方,基础设施承建方等。

内部员工。

(2)主要的输出

上海市气象局"十三五"发展规划、三年行动计划等等。

上述规划均通过融入管理体系各过程及目标绩效的制订来实现,在每年的管理评审中作为输入进行评价,并在必要时进行调整变更。

1.5.1.2　体系总体设计与变更(MP01-02)

最高管理者通过战略分析规划组织确定了体系边界和适用性,以确定其范围,并在其基础之上进行体系的总体设计策划。

(1)主要的输入

组织的经营宗旨、最高管理者对于组织的使命与愿景的理解、主要的战略发展方向及对于重要风险机遇的理解;

(2)主要的输出

质量方针、管理体系总体质量目标;各部门职责权限及内外部沟通机制;对于体系运行所需资源的配置等等。

1.5.2　绩效评价与分析改进(MP02)

1.5.2.1　考核评估与分析改进(MP02-01)

为确保定期获得适当的数据和信息以支撑管理体系运行及实现预期的结果,同时及时识别体系改进的需求并推动不断循环的持续改进,以持续提升管理体系绩效,最高管理者策划并推动了日常绩效考核评估与持续分析改进的过程。

绩效考核的目的并不终止于考核结果,按照绩效管理 PDCA 循环方法,前一次考核结果可以作为新的绩效管理的输入。

按中国气象局下发的考核要求为依据,制定适用于满足相关方要求及体系建设的目标指标进行评估与考核,并不断实施改进。一旦发现包括并不限于以下内容时,需进行原因分析并采取改进措施:

(1)来自数据使用方的投诉时。

(2)影响管理体系目标实现的重大因素。

(3)日常运行中发现的不符合项。

(4)内审外审中发现的不符合项。

持续改进由观测预报处组织相关部门通过定期会议形式进行,分析与评估问题产生的原因及对当前的影响,及时确定纠正措施,短期内将不良影响降至最低,并由各部门编写改进报告。

对应的控制管理程序:《考核评估与分析改进管理程序(MP02-01)》。

1.5.2.2　内部审核与整改(MP02-02)

为验证上海市气象局气象观测质量管理体系的完整性、符合性以及运行有效性,推动质量管理体系的持续改进,除日常绩效考核评估与分析改进之外,最高管理者每年按规定的时间间隔推动体系的自我评估,暨内部审核活动。

通过组织一年一度的内部审核,以确定组织是否可以符合质量管理体系要求,体系策划内容是否有效实施和保持。

对应的控制管理程序:《内部审核管理程序(MP02-02)》。

1.5.2.3 管理评审与改进(MP02-03)

上海气象局观测体系最高管理者每年组织管理评审,就管理体系的现状、适宜性、充分性和有效性以及方针和目标的贯彻落实及实现情况组织进行的综合评价活动。应考虑以往评审的改进措施、组织内外部环境的变化、上级主管单位,业务需求单位等相关方的要求、体系绩效评价的结果、资源的充分性、应对风险和机遇所采取措施的有效性等,其目的就是通过这种评价活动来总结管理体系的业绩,并从当前业绩上考虑找出与预期目标的差距,同时还应考虑可以优化改进业务的机会,并在研究分析的基础上,找出自身的改进方向。

(1)管理评审的输入主要包括:

各部门年度工作总结(含相关质量目标达成情况)、本年度管理体系内审及外审的情况、顾客(含内部顾客)的反馈及对顾客满意度的监测情况、各过程外供方的绩效、各过程中可改进的机会、各部门对于资源的需求、以往管理评审所提改进措施的实施情况等等;同时最高管理者应考虑组织内外部环境的变化、上级主管单位及业务需求单位等相关方的要求、战略发展规划在本年度的实现情况等;

(2)管理评审的输出主要包括:

质量方针、质量目标的适宜性(是否需要修订调整);管理体系变更的需求(如:组织架构调整、过程或业务的变化等等),后续改进的机会或建议,以及对于资源(包括人力资源、设施设备与环境、技术或财务资源等等)的需求。上述输出均应在管理评审报告或管理评审会议纪要中体现。

对应的控制管理程序:《管理评审管理程序(MP02-03)》。

1.6 运行过程描述

1.6.1 项目导入管理(OP01)

本过程定义了落实中国气象局下发的项目要求与满足上海市气象局综合观测

的建设要求的管理控制流程。

该过程的输入:新建、改建或搬迁的建设项目需求,中国气象局的管理规范及要求;

该过程的输出:得到有效管理控制并符合要求的建设项目。

其中可进一步细分为 3 个子过程(图 1.3):

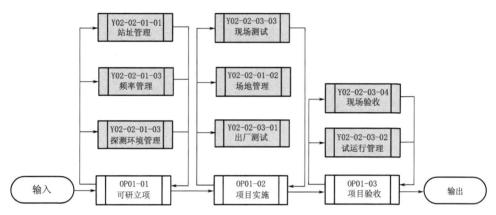

图 1.3　OP01 项目导入管理过程关系图

(1)OP01-01 可研立项:

为了适应上海市气象局战略规划发展,实现上海市气象局观测规划、方案与项目到系统建设,为了满足"科学规划分析,资源配置合理,落实责任主体,顺利有序推进"的总体要求,对项目进行可行性分析和立项的审批与控制;与中国气象局对接的程序有《站址管理》《探测环境管理》《频率管理》。对应的控制管理程序:《可研立项管理程序(OP0101)》

(2)OP01-02 项目实施:

主要描述执行实施方案的管理与过程。由中国气象局统一采购下发的,由中国气象局进行出厂测试,对应中国气象局的程序《出厂测试》;否则由上海市气象局相关单位进行测试与验收;综合观测场地建设遵循中国气象局下发的规范,对应中国气象局的程序《场地管理》《现场测试》《现场验收》。

对应的控制管理程序:《项目实施管理程序(OP0102)》

(3)OP01-03 项目验收:

主要描述对项目现场测试之后的试运行管理及最终的竣工验收和业务验收过程。与中国气象局对接的程序是《试运行管理》。对应的控制管理程序:《项目验收管理程序(OP0103)》。

1.6.2 业务准入管理(OP02)

通过制定明确的工作规范和要求,对于综合观测新投入业务项目(包括各类观测设备、观测数据或产品、业务系统、信息网络设备等)的业务准入与退出进行控制和管理,以规避或消除相应的风险,达成预期的目标,并推进新投入业务项目的顺利实施。与中国气象局对接的程序是《前期质控》。

该过程的输入:拟投入运行的新业务项目(包括各类观测设备、观测数据或产品、业务系统、信息网络设备等),各相关方对于新业务的需求,中国气象局的管理规范要求;

该过程的输出:得到有效控制并导入正常运行以满足相关方需求的新业务项目。

对应的控制管理程序:《业务准入管理程序(OP02)》(图 1.4)。

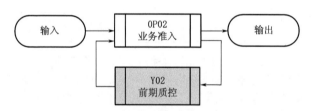

图 1.4 OP02 业务准入管理过程关系图

1.6.3 观测数据管理(OP03)

本过程定义了对于气象综合观测数据的采集、处理、传输归档的全生命周期管理。与中国气象局对接的程序是《国家运行监控》。

该过程的输入:已配备的气象综合观测装备,对观测数据的需求;

该过程的输出:满足用户需求的观测数据,完好保存的气象数据及归档。

其中可进一步细分为 5 个子过程(图 1.5):

(1)OP03-01 数据采集管理

为了满足采集数据的"代表性、准确性、比较性"的要求,符合中国气象局相关规范技术标准,满足上海气象局对数据采集的业务要求而进行业务管理控制。

对应的程序文件:《观测数据采集管理程序(OP03-01)》

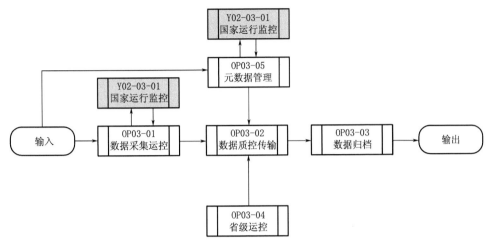

图 1.5　OP03 观测数据管理过程关系图

（2）OP03-02 数据质控传输

为保障气象观测数据采集之后的有效传输和数据质量控制而制订的过程。

对应的程序文件:《观测数据归档管理程序（OP03-02）》

（3）OP03-03 数据归档管理

为了满足历史气象数据的存储使用管理,满足科研和业务需求单位的数据的使用借调,按照中国气象局相关的业务保密规定特制定本过程。

对应的程序文件:《观测数据归档管理程序（OP03-03）》

（4）OP03-04 省级运控

通过制定明确的工作规范和要求,对于日常气象业务数据传输系统的运行监控及保障等工作进行控制和管理,以规避或消除相应的风险,达成预期的目标,并推进整个数据管理过程实现预期的结果。对应的程序文件:《观测数据省级运控管理程序（OP03-04）》

（5）OP03-05 元数据管理

通过规范化流程和要求,对元数据变更进行控制与管理。适用于上海气象局管辖的国、省两级考核的设备类型。

对应的程序文件:《元数据管理程序（OP03-05）》。

1.6.4　观测装备保障（OP04）

本过程定义了对于气象综合观测装备的维护保障与管理,该过程的输入:中国

气象局的管理要求,各单位对于气象观测装备运行需求;

该过程的输出:满足业务要求的气象观测装备,得到有效保存和管理的装备运行记录。可进一步细分为9个子过程(图1.6):

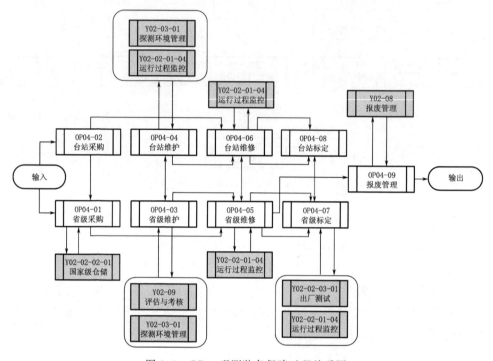

图1.6 OP04 观测装备保障过程关系图

(1)OP04-01 省级采购

通过省级采购流程,规定规范上海市气象局观测设备与部件等购买的管理与控制流程。对于台站不能购买的备件类型,汇总至省级购买。对于省级不能购买的备件类型,向中国气象局仓储申请调拨使用。对应程序文件:《省级采购管理程序(OP04-01)》。

(2)OP04-02 台站采购

通过台站采购流程,规定规范台站观测设备与部件等购买的管理与控制流程。对应程序文件:《台站采购管理程序(OP04-02)》。

(3)OP04-03 省级维护

通过综合观测维护的规范规定,开展综合观测的维护任务,确保上海气象局管辖内的装备的正常运行。主要包含省级周期性维护(年维护)与探测环境保护。

省级维护与中国气象局的接口程序《探测环境管理》《评估与考核》,省级维护与本体系二级项的相关接口程序主要有《省级维修》《台站维护》《外供方管理》。

对应程序文件:《省级维护管理程序(OP04-03)》。

(4)OP04-04 台站维护

通过综合观测维护的规范规定,开展台站综合观测的维护任务,确保上海气象局区县台站管辖内的装备的正常运行。

台站维护包含台站周期性维护与探测环境月报。台站周期性维护主要包含规范规定要求的日、周与月活动;探测环境月报主要包含规范规定要求的台站探测环境信息的采集与报送。台站维护与中国气象局接口的程序为《业务过程监控》《探测环境保护》;台站维护与二级项的相关接口程序主要有《省级维护》《台站维修》与《外供方管理》。

对应程序文件:《台站维护管理程序(OP04-04)》。

(5)OP04-05 省级维修

省级维修主要解决处理台站无法维修的故障类型与系统大修,确保上海气象局所辖各台站管辖内的装备的正常运行。省级维修与中国气象局接口程序为《业务过程监控》,省级维修的二级项程序有《省级标定》《台站维修》与《外供方管理》。

对应程序文件:《省级维修管理程序(OP04-05)》。

(6)OP04-06 台站维修

台站维修主要描述台站在综合观测出现故障后进行的维修活动,确保上海气象局区县台站管辖内的装备的正常运行。台站维修与中国气象局接口的程序为《业务过程监控》;

对应程序文件:《台站维修管理程序(OP04-06)》。

(7)OP04-07 省级标定

为满足中国气象局对标定业务的要求,观测系统自身指标与观测数据精确性的要求。

省级标定包含的三级项主要有系统标定与计量检定。省级标定对应的国家级接口为《业务过程监控》《评估与考核》,省级标定对应的二级项接口为《省级维修》《台站标定》。

对应程序文件:《省级标定管理程序(OP04-07)》。

(8)OP04-08 台站标定

为满足中国气象局对标定业务的要求,观测数据精确性的要求,综合观测自身

指标的要求。对应程序文件:《台站标定管理程序(OP04-08)》

(9)OP04-09 报废管理

为加强气象专用技术装备的报废管理,规范装备报废处置职责及流程。

对应程序文件:《装备报废管理程序(OP04-09)》

1.7 支持过程描述

序号	过程基本要素					过程管理要素	
	过程名称	主责部门	过程输入	过程主要活动	过程输出	过程绩效	过程控制文件
SP01	人力资源管理	局办公室各单位办公室	各岗位对人员数量能力与意识的要求、各部门对人员培训的需求	人力资源规划→人员定岗定编→招聘→教育培训→绩效考核→人事档案管理	满足岗位对于数量、能力、意识、知识等要求的人员	年度考核不合格率培训参加完成率	《人力资源管理程序(SP01)》
SP02	文件档案管理	局办公室观测预报处各单位办公室	体系运行的需求、相关方的要求、与体系运行有关的各类信息	文件的编制/更改→评审及审批→登记发放/回收,以及对记录的归档存储、防护、更改控制、保留、处置等	适用并受控的有效版本文件,得到妥善保管的记录,可追溯的数据和证据	文件受控率记录保存完好率	《文件档案管理程序(SP02)》
SP03	基础设施环境管理	各单位科室办公室	过程运行对设施的需求、对工作环境的需求	1 接收各部门需求→预算确认→采购→纳入资产台账→定期巡查维护→收集维护报告→维护确认 2 发现软硬件故障→维修→记录→总结	满足业务要求的基础设施和过程环境维护结果,资产台账的更新	费用支出不超预算故障次数与平均无故障时间	《基础设施环境管理程序(SP03)》

序号	过程基本要素					过程管理要素	
	过程名称	主责部门	过程输入	过程主要活动	过程输出	过程绩效	过程控制文件
SP04	外供方管理	各单位办公室观测预报处	对物资及服务的采购需求、潜在外供方资源、采购申请材料	外供方信息登记审查→纳入供应商库→外供方年度评价→采购申请→审批→询价比选或招标→签约→验收结算	合格的外供方及评价记录、采购合同、外部提供的合格物资或合格服务	外部产品或服务的质量达标	《外供方管理程序(SP04)》
SP05	仓储管理	各单位办公室	对于设备、物资的储存和保管需求	在入库、在库、出库各阶段对库存品(设备及物资)的数量、标识、防护的管理	得到妥善保管的库存物资及设备,相应的管理台账及信息	出入库记录完成率	《仓储管理程序(SP05)》

1.8 程序文件清单

	文件名称	文件编号	版本号
程序文件	考核评估与分析改进管理程序	SHQXJ-QP-MP02-01	2018版/0次
	内部审核管理程序	SHQXJ-QP-MP02-02	2018版/0次
	管理评审管理程序	SHQXJ-QP-MP02-03	2018版/0次
	项目导入可研立项管理程序	SHQXJ-QP-OP01-01	2018版/0次
	项目导入项目实施管理程序	SHQXJ-QP-OP01-02	2018版/0次
	项目导入项目验收管理程序	SHQXJ-QP-OP01-03	2018版/0次
	业务准入管理程序	SHQXJ-QP-OP02	2018版/0次
	观测数据采集运控管理程序	SHQXJ-QP-OP03-01	2018版/0次
	观测数据数据传输质控管理程序	SHQXJ-QP-OP03-02	2018版/0次
	观测数据数据存储归档管理程序	SHQXJ-QP-OP03-03	2018版/0次
	观测数据省级运控管理程序	SHQXJ-QP-OP03-04	2018版/0次
	观测数据元数据管理程序	SHQXJ-QP-OP03-05	2018版/0次
	观测装备省级采购管理程序	SHQXJ-QP-OP04-01	2018版/0次
	观测装备台站采购管理程序	SHQXJ-QP-OP04-02	2018版/0次
	观测装备省级维护管理程序	SHQXJ-QP-OP04-03	2018版/0次

	文件名称	文件编号	版本号
程序文件	观测装备省级周期性维护作业指导	SHQXJ-QI-OP04-03-01	2018 版/0 次
	观测装备省级探测环境保护作业指导	SHQXJ-QI-OP04-03-02	2018 版/0 次
	观测装备台站维护管理程序	SHQXJ-QP-OP04-04	2018 版/0 次
	观测装备台站周期性维护作业指导	SHQXJ-QI-OP04-04-01	2018 版/0 次
	观测装备台站探测环境月报作业指导	SHQXJ-QI-OP04-04-02	2018 版/0 次
	观测装备省级维修管理程序	SHQXJ-QP-OP04-05	2018 版/0 次
	观测装备省级维修常规维修作业指导	SHQXJ-QI-OP04-05-01	2018 版/0 次
	观测装备省级维修系统大修作业指导	SHQXJ-QI-OP04-05-02	2018 版/0 次
	观测装备台站维修管理程序	SHQXJ-QP-OP04-06	2018 版/0 次
	观测装备省级标定管理程序	SHQXJ-QP-OP04-07	2018 版/0 次
	观测装备台站标定管理程序	SHQXJ-QP-OP04-08	2018 版/0 次
	观测装备报废管理程序	SHQXJ-QP-OP04-09	2018 版/0 次
	人力资源管理程序	SHQXJ-QP-SP01	2018 版/0 次
	文件档案管理程序	SHQXJ-QP-SP02	2018 版/0 次
	基础设施环境管理程序	SHQXJ-QP-SP03	2018 版/0 次
	外供方管理程序	SHQXJ-QP-SP04	2018 版/0 次
	仓储管理程序	SHQXJ-QP-SP05	2018 版/0 次

1.9 记录文件清单

	记录文件名称	文件编号	版本号
1	重点任务分解表	SHQXJ-QF-OP0101-01	2018 版/0 次
2	探测环境报告与批复报告	SHQXJ-QF-OP0101-02	2018 版/0 次
3	频点申请报告与频率管理批复报告	SHQXJ-QF-OP0101-03	2018 版/0 次
4	站网管理报告与批复报告	SHQXJ-QF-OP0101-04	2018 版/0 次
5	可行性方案报告与批复报告	SHQXJ-QF-OP0101-05	2018 版/0 次

	记录文件名称	文件编号	版本号
6	现场测试报告	SHQXJ-QF-OP0102-01	2018 版/0 次
7	系统试运行报告	SHQXJ-QF-OP0103-01	2018 版/0 次
8	业务验收报告	SHQXJ-QF-OP0103-02	2018 版/0 次
9	项目验收报告	SHQXJ-QF-OP0103-03	2018 版/0 次
10	(观测系统)业务准入申请	SHQXJ-QF-OP02-01	2018 版/0 次
11	(观测系统)业务退出申请	SHQXJ-QF-OP02-02	2018 版/0 次
12	(数据及产品)业务准入申请	SHQXJ-QF-OP02-03	2018 版/0 次
13	(数据及产品)业务退出申请	SHQXJ-QF-OP02-04	2018 版/0 次
14	(业务开发系统)业务准入申请	SHQXJ-QF-OP02-05	2018 版/0 次
15	(业务开发系统)业务退出申请	SHQXJ-QF-OP02-06	2018 版/0 次
16	业务技术变更/升级通知单	SHQXJ-QF-OP02-07	2018 版/0 次
17	业务技术变更/升级任务总结单	SHQXJ-QF-OP02-08	2018 版/0 次
18	故障单	SHQXJ-QF-OP0301-01	2018 版/0 次
19	综合业务值班日记(台站值班日志)	SHQXJ-QF-OP0301-02	2018 版/0 次
20	新一代天气雷达日维护记录表	SHQXJ-QF-OP0301-03	2018 版/0 次
21	错情报告单	SHQXJ-QF-OP0302-01	2018 版/0 次
22	气象探测资料汇交清单	SHQXJ-QF-OP0303-01	2018 版/0 次
23	气象探测站(点)列表	SHQXJ-QF-OP0303-02	2018 版/0 次
24	气象探测资料元数据文件	SHQXJ-QF-OP0303-03	2018 版/0 次
25	气象站(点)历史沿革文档	SHQXJ-QF-OP0303-04	2018 版/0 次
26	气象探测资料说明文档	SHQXJ-QF-OP0303-05	2018 版/0 次
27	气象探测资料汇交协议	SHQXJ-QF-OP0303-06	2018 版/0 次
28	气象探测资料汇交凭证	SHQXJ-QF-OP0303-07	2018 版/0 次
29	()光盘归档记录	SHQXJ-QF-OP0303-08	2018 版/0 次
30	值班记录表	SHQXJ-QF-OP0304-01	2018 版/0 次
31	信息中心系统维保计划	SHQXJ-QF-OP0304-02	2018 版/0 次
32	信息中心机房巡检表	SHQXJ-QF-OP0304-03	2018 版/0 次

	记录文件名称	文件编号	版本号
33	机房巡检报告	SHQXJ-QF-OP0304-04	2018 版/0 次
34	系统故障分析报告	SHQXJ-QF-OP0304-05	2018 版/0 次
35	(每月)故障统计分析	SHQXJ-QF-OP0304-06	2018 版/0 次
36	服务报告(外包方)	SHQXJ-QF-OP0304-07	2018 版/0 次
37	元数据变更申请单	SHQXJ-QF-OP0305-01	2018 版/0 次
38	国家级地面站元数据登记表	SHQXJ-QF-OP0305-02	2018 版/0 次
39	海洋观测设备元数据登记表	SHQXJ-QF-OP0305-03	2018 版/0 次
40	其他设备元数据登记表	SHQXJ-QF-OP0305-04	2018 版/0 次
41	省级采购申请单	SHQXJ-QF-OP0401-01	2018 版/0 次
42	台站采购申请单	SHQXJ-QF-OP0402-01	2018 版/0 次
43	省级预付款申请单	SHQXJ-QF-OP0401-02	2018 版/0 次
44	台站预付款申请单	SHQXJ-QF-OP0402-02	2018 版/0 次
45	省级付款申请单	SHQXJ-QF-OP0401-03	2018 版/0 次
46	台站付款申请单	SHQXJ-QF-OP0402-03	2018 版/0 次
47	省级不合格处置单	SHQXJ-QF-OP0401-04	2018 版/0 次
48	台站不合格处置单	SHQXJ-QF-OP0402-04	2018 版/0 次
49	xxxx 年度维护方案上报表	SHQXJ-QF-OP0403-01	2018 版/0 次
50	年维护报告	SHQXJ-QF-OP0403-02	2018 版/0 次
51	综合业务值班日志(同周期性维护)	SHQXJ-QF-OP0404-01	2018 版/0 次
52	国家自动站月/年维护(同周期性维护)	SHQXJ-QF-OP0404-02	2018 版/0 次
53	高空气象探测系统值班工作日志(同周期性维护)	SHQXJ-QF-OP0404-03	2018 版/0 次
54	高空气象探测系统月维护记录	SHQXJ-QF-OP0404-04	2018 版/0 次
55	新一代天气雷达日维护记录表	SHQXJ-QF-OP0404-05	2018 版/0 次
56	新一代天气雷达周维护记录表	SHQXJ-QF-OP0404-06	2018 版/0 次
57	新一代天气雷达月维护记录表	SHQXJ-QF-OP0404-07	2018 版/0 次
58	大气成分观测仪器设备月维护报告书	SHQXJ-QF-OP0404-08	2018 版/0 次
59	探测环境月报	SHQXJ-QF-OP040402-01	2018 版/0 次

	记录文件名称	文件编号	版本号
60	故障单（ASOM 业务系统）	SHQXJ-QF-OP0405-01	2018 版/0 次
61	大修评估方案	SHQXJ-QF-OP040502-01	2018 版/0 次
62	参数测试表	SHQXJ-QF-OP040502-02	2018 版/0 次
63	备件申领单	SHQXJ-QF-OP040502-03	2018 版/0 次
64	故障单（ASOM 业务系统）	SHQXJ-QF-OP0406-01	2018 版/0 次
65	xxxx 年度标定方案上报表	SHQXJ-QF-OP0407-01	2018 版/0 次
66	月定标报告	SHQXJ-QF-OP0408-01	2018 版/0 次
67	气象观测专用技术装备技术评估申请表	SHQXJ-QF-OP0409-01	2018 版/0 次
68	年度质量目标指标管理表	SHQXJ-QF-MP0201-01	2018 版/0 次
69	上海市气象局业务改进计划	SHQXJ-QF-MP0201-02	2018 版/0 次
70	上海市气象局综合观测满意度调查问卷（个人问卷）	SHQXJ-QF-MP0201-03	2018 版/0 次
71	上海市气象局业务例会会议纪要	SHQXJ-QF-MP0201-04	2018 版/0 次
72	装备质量通报名词解释和工作职责分工表	SHQXJ-QF-MP0201-05	2018 版/0 次
73	装备运行情况通报表	SHQXJ-QF-MP0201-06	2018 版/0 次
74	数据质量情况通报表	SHQXJ-QF-MP0201-07	2018 版/0 次
75	其他运行情况情况通报表	SHQXJ-QF-MP0201-08	2018 版/0 次
76	观测质量管理体系用户反馈情况表	SHQXJ-QF-MP0201-09	2018 版/0 次
77	观测质量问题通报反馈表	SHQXJ-QF-MP0201-10	2018 版/0 次
78	观测质量通报反馈表	SHQXJ-QF-MP0201-11	2018 版/0 次
79	上海市气象局综合观测满意度调查问卷（联动部门）	SHQXJ-QF-MP0201-12	2018 版/0 次
80	上海市气象局综合观测满意度调查问卷（内部用户）	SHQXJ-QF-MP0201-13	2018 版/0 次
81	上海市气象局综合观测满意度调查问卷（企业用户）	SHQXJ-QF-MP0201-14	2018 版/0 次
82	首/末次会议记录	SHQXJ-QF-MP0202-01	2018 版/0 次
83	内部审核检查表	SHQXJ-QF-MP0202-02	2018 版/0 次
84	内部审核报告	SHQXJ-QF-MP0202-03	2018 版/0 次
85	不符合项报告	SHQXJ-QF-MP0202-04	2018 版/0 次
86	XXX 年度内部审核活动安排表	SHQXJ-QF-MP0202-05	2018 版/0 次

	记录文件名称	文件编号	版本号
87	管理评审计划	SHQXJ-QF-MP0203-01	2018 版/0 次
88	管理评审通知单	SHQXJ-QF-MP0203-02	2018 版/0 次
89	年度管理评审报告	SHQXJ-QF-MP0203-03	2018 版/0 次
90	年度管理评审跟踪措施	SHQXJ-QF-MP0203-04	2018 版/0 次
91	应届高校毕业生公开招聘计划	SHQXJ-QF-SP01-01	2018 版/0 次
92	气象观测员上岗资格证书登记表	SHQXJ-QF-SP01-02	2018 版/0 次
93	XX 年度上海市气象局培训计划表	SHQXJ-QF-SP01-03	2018 版/0 次
94	XX 年度上海市气象局培训计划执行情况表	SHQXJ-QF-SP01-04	2018 版/0 次
95	XX 年度综合考评主观互评表	SHQXJ-QF-SP01-05	2018 版/0 次
96	受控文件清单	SHQXJ-QF-SP02-01	2018 版/0 次
97	质量管理体系运行记录一览表	SHQXJ-QF-SP02-02	2018 版/0 次
98	上海市气象局文书档案登记表	SHQXJ-QF-SP02-03	2018 版/0 次
99	设施设备维修单	SHQXJ-QF-SP03-01	2018 版/0 次
100	外供方(物资类)绩效评价表	SHQXJ-QF-SP04-01	2018 版/0 次
101	外供方(服务类)绩效评价表	SHQXJ-QF-SP04-02	2018 版/0 次
102	外供方服务报告	SHQXJ-QF-SP04-03	2018 版/0 次
103	故障分析报告	SHQXJ-QF-SP04-04	2018 版/0 次
104	入库单	SHQXJ-QF-SP05-01	2018 版/0 次
105	出库单	SHQXJ-QF-SP05-02	2018 版/0 次

第2章

上海市气象局观测业务质量管理体系管理过程

2.1　考核评估与分析改进管理程序

2.1.1　目　的

为确保定期获得适当的数据和信息以支撑管理体系运行及实现预期的结果，同时及时识别体系改进的需求并推动不断循环的持续改进，以持续提升管理体系绩效，特制定本程序。

2.1.2　范　围

本程序适用于对上海市气象局气象观测质量管理体系日常运行的绩效监测、考核评估及分析改进等活动。

2.1.3　术　语

最高管理层：通常指局最高领导层，是管理体系考核评估与分析改进的最终责任人。

2.1.4　职　责

（1）最高管理层
通过局长办公会的形式推动对于体系质量目标的制订及重大问题的改进。
（2）观测与预报处

是质量管理体系绩效监测、考核评估及分析改进的责任归口部门,负责组织协调对于管理体系各过程绩效的日常监测考核评估和分析,并通过定期质量例会的形式推动对于管理体系日常问题的持续改进。对于重大问题或具有较大风险的潜在问题就改进机会应上报局长办公会处理。

(3)各部门负责人

负责监测并收集相关过程的绩效数据,并分别上报至观测与预报处、管理层及中国气象局。同时应针对日常所发现的问题进行分析汇总,配合观测与预报处以质量例会的形式推动对自身工作业务的持续改进,并负责落实质量例会及局长办公会所布置下达的改进计划、改进措施。

2.1.5　工作程序

(1)根据管理层对于管理体系的策划结果(质量方针、质量目标等),每年由观测与预报处牵头组织编制《年度质量目标指标管理表》,其内容包括对于各项质量目标的具体指标、实现方案、监测方式及频次等等。

(2)各部门按照规定的时间间隔(通常为月度)对相关过程的绩效指标(质量目标)的实际结果进行监测统计,形成质量月度报告,并于下月月初上报观测预报处。

(3)观测与预报处每季度定期组织质量例会,质量管理体系范围内各部门负责人及业务骨干列席参与。作为质量例会的主要议程,首先应针对上次质量例会的决议事项(包括领导布置的任务、确定的整改事项等等)的实施情况进行跟踪确认。

(4)其次,应对各部门的质量月度报告进行汇总及评审,并对各过程运行情况进行分析评价,以识别并确定可改进的机会。可改进的机会包括但不限于:

日常运行中发现的不合格事项;

数据使用方的反馈和建议;

有降低趋势的绩效指标;

新建站点、新系统等项目的导入;

新技术或新标准的引入等等;

(5)一旦识别并确定了可改进的机会,应对其进行原因分析,并提出针对性的对策措施和改进计划。改进计划应明确改进措施的具体内容、实施主体及落实责任人、实施的时间节点等等事项,并形成书面记录。

(6)质量例会的会议纪要及决议(包括各项改进计划)在会后应分发到各部门。

(7)各部门应按照改进计划中的进度节点落实具体的改进措施,观测与预报处负责对这些改进措施的实施情况及实施效果进行跟踪验证,并形成记录归档,作为下次质量例会及年度管理评审的输入之一。

(8)当发现重大问题或重大变更调整事项,或者需更高层级领导决策的事项,观测与预报处应上报至局领导,通过局长办公会的形式进行分析讨论并形成决议。对于局长办公会的决议与意见,各部门同样应按照决议中的进度节点等要求予以具体落实,观测与预报处负责对这些改进措施的实施情况及实施效果进行跟踪验证,并形成记录归档,作为下次质量例会及年度管理评审的输入之一。

2.1.6　记录表格

(1)《年度质量目标指标管理表》SHQXJ-QF-MP0201-01

(2)各部门月度质量报告

(3)各部门的改进计划及跟踪验证记录

(4)《上海市气象局业务改进计划》SHQXJ-QF-MP0201-02

(5)《上海市气象局综合观测客户满意度调查问卷》SHQXJ-QF-MP0201-03

(6)《上海市气象局业务例会会议纪要》SHQXJ-QF-MP0201-04

(7)《装备质量通报名词解释和工作职责分工表》SHQXJ-QF-MP0201-05

(8)《装备运行情况通报表》SHQXJ-QF-MP0201-06

(9)《数据质量情况通报表》SHQXJ-QF-MP0201-07

(10)《其他运行情况情况通报表》SHQXJ-QF-MP0201-08

(11)《观测质量管理体系用户反馈情况表》SHQXJ-QF-MP0201-09

(12)《观测质量问题通报反馈表》SHQXJ-QF-MP0201-10

(13)《观测质量通报反馈表》SHQXJ-QF-MP0201-11

(14)《上海市气象局综合观测满意度调查问卷(联动部门)》SHQXJ-QF-MP0201-12

(15)《上海市气象局综合观测满意度调查问卷(内部用户)》SHQXJ-QF-MP0201-13

(16)《上海市气象局综合观测满意度调查问卷(企业用户)》SHQXJ-QF-MP0201-14

2.1.7 过程绩效/质量目标

(1)各项绩效按时监测分析

(2)整改事项按时落实并完成验证关闭

2.1.8 过程中的风险和机遇的控制

表 2.1 过程中的风险和机遇的控制

风险	应对措施	执行时间	负责人	监视方法
对于已识别的改进机会无法有效改进	通过明晰的处理职责和流程,确保问题及改进事项的及时关闭;	每次	观测预报处	评审
已完成的改进事项无法作为经验保存	对重要改进、纠正和预防措施的相关记录和重大问题作为经验教训保留,形成组织的知识。	每次	观测预报处	材料归档

2.1.9 相关/支持性文件

详见《上海市气象观测业务质量体系发文合集 2006—2018》。

2.1.10 附录

上海市气象局业务改进计划

编号 SHQXJ-QF-MP0201-02

单位名称：

问题现状（改进机会）描述：
填表人：　　　　　　日期：
原因分析（应分析到根本原因）：
填表人：　　　责任部门负责人：　　　　日期：
拟采取的改进措施（措施应与所识别的原因相对应；含实施责任人及时间节点）：
填表人：　　　责任部门负责人：　　　　日期：
完成情况：
责任部门负责人：　　　　日期：
验证结果：
验证部门：　　　　日期：
备注：

上海市气象局业务例会会议纪要

上海市气象局观测预报处

年　　　季度

编号：SHQXJ-QF-MP0201-02

时　间：

地　点：

出　席：

记　录：

议　题：

一、上次业务例会决议事项回顾

二、本季度各单位质量月报概况

三、现存主要问题点或待决议事项

四、后续工作安排及改进计划

上海市气象局气象综合观测满意度调查问卷
(个人用户)

编号：SHQXJ-QF-MP0201-03

尊敬的用户：您好！

(1)提供良好的气象观测数据和产品一直是我们的工作目标,告诉我们您对气象综合观测的感受和需求,我们将据此提供更加贴心的气象观测资料和产品。

(2)调查内容设置为"满意值"(您现在所感受到气象服务的水平值),5 分为最高分,1 分为最低分。所有问题均表述您的主观判断,无所谓对错。

非常感谢您的支持与合作,祝您身体健康,工作愉快！

上海市气象局

1. 此部分考察您对最近接受气象观测产品的感受。若您觉得不甚了解，请选择每题最后一个选项"不了解"。

调查项目	满意值					
1 您认为气象部门对综合观测是否足够重视？	□5 很重视	□4 比较重视	□3 一般	□2 不太重视	□1 很不重视	□ 不了解
2 各类观测数据是否给您在工作、生活上带来实用和便利（组织管理、活动筹备、日常安排等）？	□5 实用且便利	□4 较实用且便利	□3 一般	□2 不太实用	□1 很不实用	□ 不了解
3 您觉得综合观测人员的技能水平如何？	□5 很好	□4 较好	□3 一般	□2 比较差	□1 差得很远	□ 不了解
4 您了解有哪些气象观测项目、要素吗？	□5 了解	□4 比较了解	□3 一般	□2 大概知道	□1 没听说过	□ 不了解
5 您了解有哪些天气现象吗？	□5 了解	□4 比较了解	□3 一般	□2 大概知道	□1 没听说过	□ 不了解
6 您觉得观测数据、产品是否准确？	□5 很准	□4 比较准	□3 一般	□2 不太准	□1 很不准	□ 不了解
7 您觉得观测数据、产品传输是否及时？	□5 很及时	□4 比较及时	□3 一般	□2 不太及时	□1 很不及时	□ 不了解
8 您觉得观测数据、产品的质量和种类是否比前几年有了提升？	□5 提升很多	□4 有所提升	□3 稍有提升	□2 没有提升	□1 有所下降	□ 不了解

2. 您认为以下哪些气象观测项目或天气现象更符合您的需要？（可以多选，至少选择一个选项）

□气温	□气压	□湿度	□雷电	□能见度	□风向、风速	□降水量	□冻土
□云量	□云状	□云高	□日照时数	□地面温度	□雪深	□蒸发量	□辐射
□浅层地温	□深层地温	□电线积冰	□地面状态	□高空温、压、湿、风	□其他（需具体说明）_____		

3. 您在主要通过哪些途径获得气象观测数据或产品?(可以多选,至少选择一个选项)

□电视频道	□报纸	□气象网站 网址:_____	□12121 或 96121 电话	□手机短信
□传真	□广播电台	□知天气 APP	□爱天气 APP	□户外显示屏
□门户网站,如搜狐、网易等	□墨迹天气	□其他(需具体说明) _____		

4. 您觉得哪些位置更需要布设气象观测设备?(可以多选,至少选择一个选项)

□港口、码头	□机场、火车站	□公交站、轨交站	□公园、绿地	□游乐场
□居民区	□大型商业区	□沿江沿海	□其他(需具体说明) _____	

5. 您对做好气象综合观测有哪些建议或意见:

_____

6. 您的基本资料

性别:□男、□女　　学历:□初中及以下、□高中、□大学、□硕士、□博士及以上

年龄:□16 岁及以下、□17～30 岁、□30～45 岁、□46～60 岁、□60 岁以上

职业情况:□学生、□政企事业单位员工、□退休、□自由职业、□自主创业、□其他(请具体说明)_____

收入水平:□2000 元及以下、□2001～5000 元、□5001～10000 元、□10001～20000 元、□20000 元以上

本问卷到此结束,再次感谢您的参与和支持!

上海市气象局气象综合观测满意度调查问卷
(联动部门)

编号：SHQXJ-QF-MP0201-12

尊敬的用户：您好！

(1)提供良好的气象观测数据和产品一直是我们的工作目标,告诉我们您对气象综合观测的感受和需求,我们将据此提供更加贴心的气象观测资料和产品。

(2)调查内容设置为"满意值"(您现在所感受到气象服务的水平值),5 分为最高分,1 分为最低分。所有问题均表述您的主观判断,无所谓对错。

非常感谢您的支持与合作,祝您身体健康,工作愉快!

上海市气象局

1. 此部分考察您对最近接受气象观测产品的感受。若您觉得不甚了解，请选择每题最后一个选项"不了解"。

调查项目	满意值				
1 您认为气象部门对综合观测是否足够重视？	□5 很重视	□4 比较重视	□3 一般	□2 不太重视	□1 很不重视	□ 不了解
2 各类观测数据是否给您在工作、生活上带来实用和便利（组织管理、活动筹备、日常安排等）？	□5 实用且便利	□4 较实用且便利	□3 一般	□2 不太实用	□1 很不实用	□ 不了解
3 您觉得综合观测人员的技能水平如何？	□5 很好	□4 较好	□3 一般	□2 比较差	□1 差得很远	□ 不了解
4 您了解有哪些气象观测项目、要素吗？	□5 了解	□4 比较了解	□3 一般	□2 大概知道	□1 没听说过	□ 不了解
5 您了解有哪些天气现象吗？	□5 了解	□4 比较了解	□3 一般	□2 大概知道	□1 没听说过	□ 不了解
6 您觉得观测数据、产品是否准确？	□5 很准	□4 比较准	□3 一般	□2 不太准	□1 很不准	□ 不了解
7 您觉得观测数据、产品传输是否及时？	□5 很及时	□4 比较及时	□3 一般	□2 不太及时	□1 很不及时	□ 不了解
8 您觉得观测数据、产品的质量和种类是否比前几年有了提升？	□5 提升很多	□4 有所提升	□3 稍有提升	□2 没有提升	□1 有所下降	□ 不了解

2. 您认为以下哪些气象观测项目或天气现象更符合您的需要？（可以多选，至少选择一个选项）

□气温	□气压	□湿度	□雷电	□能见度	□风向、风速	□降水量	□冻土
□云量	□云状	□云高	□日照时数	□地面温度	□雪深	□蒸发量	□辐射
□浅层地温	□深层地温	□电线积冰	□地面状态	□高空温、压、湿、风	□其他（需具体说明）		

3. 您在主要通过哪些途径获得气象观测数据或产品？（可以多选，至少选择一个选项）

□电视频道	□报纸	□气象网站网址：＿＿＿＿	□12121 或 96121 电话	□手机短信
□传真	□广播电台	□知天气 APP	□爱天气 APP	□户外显示屏
□门户网站，如搜狐、网易等	□墨迹天气	□其他(需具体说明) ＿＿＿＿＿＿＿＿＿		

4. 您觉得哪些位置更需要布设气象观测设备？（可以多选，至少选择一个选项）

□港口、码头	□机场、火车站	□公交站、轨交站	□公园、绿地	□游乐场
□居民区	□大型商业区	□沿江沿海	□其他(需具体说明) ＿＿＿＿＿＿＿＿＿	

5. 您对做好气象综合观测有哪些建议或意见：

＿＿＿＿＿＿＿＿＿＿＿＿＿＿＿＿＿＿＿＿＿＿＿＿＿＿＿

6. 您的基本资料

部门名称：＿＿＿＿＿＿＿＿

职务/职称：＿＿＿＿＿＿＿＿

本问卷到此结束，再次感谢您的参与和支持！

上海市气象局气象综合观测满意度调查问卷
(内部用户)

编号：SHQXJ-QF-MP0201-13

尊敬的用户：您好！

(1)提供良好的气象观测数据和产品一直是我们的工作目标,告诉我们您对气象综合观测的感受和需求,我们将据此提供更加贴心的气象观测资料和产品。

(2)调查内容设置为"满意值"(您现在所感受到气象服务的水平值),5 分为最高分,1 分为最低分。所有问题均表述您的主观判断,无所谓对错。

非常感谢您的支持与合作,祝您身体健康,工作愉快！

上海市气象局

1. 此部分考察您对最近接受气象观测产品的感受。若您觉得不甚了解，请选择每题最后一个选项"不了解"。

调查项目	满意值					
1 您认为气象部门对综合观测是否足够重视？	□5 很重视	□4 比较重视	□3 一般	□2 不太重视	□1 很不重视	□ 不了解
2 各类观测数据是否给您在工作、生活上带来实用和便利（组织管理、活动筹备、日常安排等）？	□5 实用且便利	□4 较实用且便利	□3 一般	□2 不太实用	□1 很不实用	□ 不了解
3 您觉得综合观测人员的技能水平如何？	□5 很好	□4 较好	□3 一般	□2 比较差	□1 差得很远	□ 不了解
4 您了解有哪些气象观测项目、要素吗？	□5 了解	□4 比较了解	□3 一般	□2 大概知道	□1 没听说过	□ 不了解
5 您了解有哪些天气现象吗？	□5 了解	□4 比较了解	□3 一般	□2 大概知道	□1 没听说过	□ 不了解
6 您觉得观测数据、产品是否准确？	□5 很准	□4 比较准	□3 一般	□2 不太准	□1 很不准	□ 不了解
7 您觉得观测数据、产品传输是否及时？	□5 很及时	□4 比较及时	□3 一般	□2 不太及时	□1 很不及时	□ 不了解
8 您觉得观测数据、产品的质量和种类是否比前几年有了提升？	□5 提升很多	□4 有所提升	□3 稍有提升	□2 没有提升	□1 有所下降	□ 不了解

2. 您认为以下哪些气象观测项目或天气现象更符合您的需要？（可以多选，至少选择一个选项）

□气温	□气压	□湿度	□雷电	□能见度	□风向、风速	□降水量	□冻土
□云量	□云状	□云高	□日照时数	□地面温度	□雪深	□蒸发量	□辐射
□浅层地温	□深层地温	□电线积冰	□地面状态	□高空温、压、湿、风	□其他（需具体说明）_____		

3. 您在主要通过哪些途径获得气象观测数据或产品？（可以多选，至少选择一个选项）

□电视频道	□报纸	□气象网站 网址：_____	□12121 或 96121 电话	□手机短信
□传真	□广播电台	□知天气 APP	□爱天气 APP	□户外显示屏
□门户网站，如搜狐、网易等	□墨迹天气	□其他(需具体说明) _____		

4. 您觉得哪些位置更需要布设气象观测设备？（可以多选，至少选择一个选项）

□港口、码头	□机场、火车站	□公交站、轨交站	□公园、绿地	□游乐场
□居民区	□大型商业区	□沿江沿海	□其他(需具体说明) _____	

5. 您对做好气象综合观测有哪些建议或意见：

_____

6. 您的基本资料

部门名称：_____

职务/职称：_____

本问卷到此结束，再次感谢您的参与和支持！

上海市气象局气象综合观测满意度调查问卷
（企业用户）

编号：SHQXJ-QF-MP0201-14

尊敬的用户：您好！

（1）提供良好的气象观测数据和产品一直是我们的工作目标，告诉我们您对气象综合观测的感受和需求，我们将据此提供更加贴心的气象观测资料和产品。

（2）调查内容设置为"满意值"（您现在所感受到气象服务的水平值），5分为最高分，1分为最低分。所有问题均表述您的主观判断，无所谓对错。

非常感谢您的支持与合作，祝您身体健康，工作愉快！

上海市气象局

1. 此部分考察您对最近接受气象观测产品的感受。若您觉得不甚了解,请选择每题最后一个选项"不了解"。

调查项目	满意值					
1 您认为气象部门对综合观测是否足够重视?	□5 很重视	□4 比较重视	□3 一般	□2 不太重视	□1 很不重视	□ 不了解
2 各类观测数据是否给您在工作、生活上带来实用和便利(组织管理、活动筹备、日常安排等)?	□5 实用且便利	□4 较实用且便利	□3 一般	□2 不太实用	□1 很不实用	□ 不了解
3 您觉得综合观测人员的技能水平如何?	□5 很好	□4 较好	□3 一般	□2 比较差	□1 差得很远	□ 不了解
4 您了解有哪些气象观测项目、要素吗?	□5 了解	□4 比较了解	□3 一般	□2 大概知道	□1 没听说过	□ 不了解
5 您了解有哪些天气现象吗?	□5 了解	□4 比较了解	□3 一般	□2 大概知道	□1 没听说过	□ 不了解
6 您觉得观测数据、产品是否准确?	□5 很准	□4 比较准	□3 一般	□2 不太准	□1 很不准	□ 不了解
7 您觉得观测数据、产品传输是否及时?	□5 很及时	□4 比较及时	□3 一般	□2 不太及时	□1 很不及时	□ 不了解
8 您觉得观测数据、产品的质量和种类是否比前几年有了提升?	□5 提升很多	□4 有所提升	□3 稍有提升	□2 没有提升	□1 有所下降	□ 不了解

2. 您认为以下哪些气象观测项目或天气现象更符合您的需要?(可以多选,至少选择一个选项)

□气温	□气压	□湿度	□雷电	□能见度	□风向、风速	□降水量	□冻土
□云量	□云状	□云高	□日照时数	□地面温度	□雪深	□蒸发量	□辐射
□浅层地温	□深层地温	□电线积冰	□地面状态	□高空温、压、湿、风	□其他(需具体说明) _____		

3. 您在主要通过哪些途径获得气象观测数据或产品？（可以多选，至少选择一个选项）

□电视频道	□报纸	□气象网站 网址：_____	□12121 或 96121 电话	□手机短信
□传真	□广播电台	□知天气 APP	□爱天气 APP	□户外显示屏
□门户网站，如搜狐、网易等	□墨迹天气	□其他（需具体说明） _____		

4. 您觉得哪些位置更需要布设气象观测设备？（可以多选，至少选择一个选项）

□港口、码头	□机场、火车站	□公交站、轨交站	□公园、绿地	□游乐场
□居民区	□大型商业区	□沿江沿海	□其他（需具体说明） _____	

5. 您对做好气象综合观测有哪些建议或意见：

_____

6. 您的基本资料

企业名称：_____

填表人职务/职称：_____

企业类别：□农业、□林业、□交通运输、□电力、□渔业、□畜牧业、□服务业、□建筑业、□其他（请具体说明）_____

本问卷到此结束，再次感谢您的参与和支持！

表 2.2　绩效管理通报表格装备质量通报名词解释和工作职责分工表

编号:SHQXJ-QF-MP0201-05

体系总目标	绩效指标(分解)	执行部门	输出结果				结果提供部门
观测设备故障率(包括软硬件)	保障业务能力(保障活动及时率)	新一代天气雷达100%	信息中心	1. 停机通知及时率	停机通知及时率=规定时间内实际填报停机通知次数/应填报停机通知总次数×100%	4. 保障活动及时率	保障活动及时率=停机通知及时率×20%＋维护活动及时率×40%＋维修活动及时率×40%	信息中心
				2. 维护活动及时率	维护活动及时率=规定时间内实际填报维护次数/应填报维护总次数×100%			
					说明:每日、周、月、年维护,年维护次数为365(或366)＋52＋12＋1			
				3. 维修活动及时率	维修活动及时率=规定时间内实际填报维修次数/应填报维修总次数×100%			
		国家地面气象观测站100%	中心台	保障活动及时率	保障活动及时率=规定时间内实际填报维护和维修表单次数/应填报维护和维修表单总次数×100%			
			海洋台					
			浦东局		说明:1、每日、月、年均需开展维护,全年填报维护次数为每年日数＋月数＋年数,如2018年填报维护次数应为365＋12＋1=378次。维修次数按实际情况填报。2、执行部门各自在ASOM中填报,结果提供部门提供统计结果。			
			宝山局					
			闵行局					
			嘉定局					
			青浦局					
			金山局					
			松江局					
			奉贤局					
			崇明局					

体系总目标	绩效指标(分解)	执行部门		输出结果	结果提供部门
观测设备故障率(包括软硬件)	保障业务能力(保障活动及时率)	高空气象观测100%	宝山区气象局	保障活动及时率	保障活动及时率＝规定时间内实际填报维护和维修表单次数/应填报的维护维修次数×100%	信息中心
					说明:1.每月、年维护,全年填报维护次数为12+1=13,维修次数按照实际情况填报。2.宝山局在ASOM中填报,结果提供部门提供统计结果。	
		区域气象观测站100%		保障活动及时率	保障活动及时率＝规定时间内实际填报维修次数/应填报维修总次数×100%	
			信息中心			
			浦东局			
			宝山局		说明:执行部门各自在ASOM中按实填报维修次数,结果提供部门提供统计结果。	
			闵行局			
			嘉定局			
			青浦局			
			金山局			
			松江局			
			奉贤局			
			崇明局			
		风廓线雷达100%	信息中心	保障活动及时率	保障活动及时率＝规定时间内实际填报维护和维修表单次数/应填报的维护维修次数×100%	
					说明:每年维护,信息中心承担维护,全年填报维护次数为1,维修照实填报。信息中心填报,结果提供部门统计。	
		自动土壤水分观测站100%	松江区气象局	保障活动及时率	保障活动及时率＝规定时间内实际填报维修次数/应填报维修总次数×100%	
					说明:松江局在ASOM中按实填报维修次数,结果提供部门提供统计结果。	
		GNSS/MET 100%	气科所	保障活动及时率	保障活动及时率＝规定时间内实际填报维护和维修表单次数/应填报的维护维修次数×100%	
					说明:年维护,全年维护次数为1,维修次数照实填写。气科所在ASOM中填报,结果提供部门提供统计结果。	

体系总目标	绩效指标(分解)		执行部门		输出结果	结果提供部门
观测设备故障率(包括软硬件)	保障业务能力(保障活动及时率)	大气成分100%	环境中心	保障活动及时率	保障活动及时率=规定时间内实际填报维护和维修表单次数/应填报的维护维修单次数×100%	信息中心
					说明:月、年维护,全年维护次数为12+1,维修次数照实填写。环境中心在ASOM中填报,结果提供部门提供结果。	
	仪器装备运行稳定性	新一代天气雷达96%	信息中心	业务可用性	业务可用性=(雷达实际运行时间+雷达维护时间+特殊情况停机时间+专项活动停机时间+维修性停机时间)/业务规定应运行总时间×100%	
					结果提供部门直接生成	
		国家地面气象观测站98.5%		业务可用性	业务可用性=(应工作时次−未到报时次−报文格式错误时次−数据错误(或要素缺测)时次)/应工作时次×100%	
			中心台			
			海洋台		结果提供部门直接生成	
			浦东局			
			宝山局			
			闵行局			
			嘉定局			
			青浦局			
			金山局			
			松江局			
			奉贤局			
			崇明局			
		高空气象观测100%	宝山区气象局	业务可用性	业务可用性=雷达工作次数/应工作次数×100%	
					说明:结果提供部门直接生成	
		区域气象观测站96%	信息中心	业务可用性	业务可用性=(应工作时次−未到报时次−报文格式错误时次−数据错误(或要素缺测)时次)/应工作时次×100%	
			浦东局			
			宝山局			
			闵行局			

体系总目标	绩效指标(分解)		执行部门	输出结果	结果提供部门
观测设备故障率(包括软硬件)	仪器装备运行稳定性	区域气象观测站96%	嘉定局		信息中心
			青浦局	说明:结果提供部门直接生成	
			金山局		
			松江局	业务可用性	
			奉贤局		
			崇明局		
		风廓线雷达85%	信息中心(台站级)	业务可用性	业务可用性=(实际运行时间+维护时间)/应运行总时间×100%
			松江局		说明:结果提供部门直接生成
			嘉定局		
			奉贤局	业务可用性	
			金山局		
			海洋台		
		自动土壤水分观测站90%	松江区气象局	业务可用性	业务可用性=(应工作时次-未到报时次-报文格式错误时次-数据错误(或要素缺测)时次)/应工作时次×100%
					说明:结果提供部门直接生成
		GNSS/MET100%	气科所	业务可用性	业务可用性=(应到报时次-未到报时次-不能正常解压时次-不能正常解算时次)/应到报时次×100%
		大气成分80%	环境中心	业务可用性	业务可用性=(实际运行时间+例行维护时间+例行标定时间+特殊情况停机时间)/业务规定应运行总时间×100%
					说明:结果提供部门直接生成

体系总目标	绩效指标(分解)		执行部门	输出结果		结果提供部门
观测设备故障率(包括软硬件)	探测环境保护上报及时率	国家地面气象观测站100%		探测环境保护上报及时率	上报及时率=每月 5 日前上报的次数/应上报的次数×100%	信息中心
			中心台			
			海洋台			
			浦东局		说明:各台站每月 5 日前报送,观测预报处(简称:观预处)按报送时间统计	
			宝山局			
			闵行局			
			嘉定局			
			青浦局			
			金山局			
			松江局			
			奉贤局			
			崇明局			
		高空气象观测100%	宝山区气象局	探测环境保护(含用氢安全自查表)上报及时率	上报及时率=每月 5 日前上报的次数/应上报的次数×100%	
					说明:宝山每月 5 日前报送(跟地面环境月报分别报),观预处按报送时间统计,	
	定标及时率(风险点:酸雨、土壤水分、GNSS均未定标)	新一代天气雷达100%	信息中心	定标及时率	定标及时率=规定时间内完成定标的次数/应定标的总次数×100%	
					说明:月、年定标,一年定标 12+1=13 次,信息中心提供统计结果	
		国家地面气象观测站100%	中心台	定标及时率	定标及时率=规定时间内完成定标的次数/应定标的总次数×100%,每站一年一次	
			海洋台			
			浦东局		说明:一年一次,信息中心提供统计结果	
			宝山局			
			闵行局			
			嘉定局			

体系总目标	绩效指标(分解)		执行部门	输出结果		结果提供部门
观测设备故障率(包括软硬件)	定标及时率(风险点：酸雨、土壤水分、GNSS均未定标)	国家地面气象观测站100%	青浦局		定标及时率	信息中心
			金山局			
			松江局			
			奉贤局			
			崇明局			
		高空气象观测100%	宝山区气象局	定标及时率	定标及时率＝规定时间内完成定标的次数/应定标的总次数×100%	宝山
					说明：一年一次，宝山提供统计结果	
		区域气象观测站100%		定标及时率	定标及时率＝规定时间内完成定标的次数/应定标的总次数×100%	信息中心
			信息中心			
			浦东局		说明：区域站两年一次，信息中心提供统计结果	
			宝山局			
			闵行局			
			嘉定局			
			青浦局			
			金山局			
			松江局			
			奉贤局			
			崇明局			
		风廓线雷达100%	信息中心	定标及时率	定标及时率＝规定时间内完成定标的次数/应定标的总次数×100%	
					说明：每年一次，信息中心提供统计结果	
		大气成分100%	环境中心	定标及时率	定标及时率＝规定时间内完成定标的次数/应定标的总次数×100%	环境中心
					说明：每年一次，环境中心提供统计结果	
	故障修复及时率	新一代天气雷达100%	信息中心	修复及时率	修复及时率＝72小时内修复次数/故障次数×100%	信息中心
					说明：信息中心每次维修均需在ASOM中填报、解除故障单，信息中心提供统计结果	

体系总目标	绩效指标（分解）		执行部门	输出结果	结果提供部门
观测设备故障率（包括软硬件）	故障修复及时率	国家地面气象观测站100%		1.台站修复及时率＝12小时内修复次数/出现故障次数×100%，台站级维修由台站自行承担； 2.省级修复及时率＝36小时内修复次数/进入省级维修次数×100%，省级维修由信息中心承担，台站在12小时内无法维修完成的，进入省级维修。	信息中心
			中心台		
			海洋台		
			浦东局		
			宝山局		
			闵行局		
			嘉定局	修复及时率	说明：各单位每次台站级维修均需在ASOM中填报、解除故障单，信息中心提供统计结果。省级维修不再单独填报，根据故障修复时间，确定是否需统计省级维修	
			青浦局		
			金山局		
			松江局		
			奉贤局		
			崇明局		
			信息中心（省级）		
		高空气象观测100%风险点：无省级维修	宝山区气象局12小时内，信息中心48小时内	修复及时率	1.台站修复及时率＝12小时内修复次数/出现故障次数×100%，台站级维修由台站自行承担； 2.省级修复及时率＝48小时内修复次数/进入省级维修次数×100%，省级维修由信息中心承担，台站在12小时内无法维修完成的，进入省级维修。	
					说明：宝山每次维修均需在ASOM中填报、解除故障单，信息中心提供统计结果。

体系总目标	绩效指标（分解）	执行部门	输出结果	结果提供部门
观测设备故障率（包括软硬件）	故障修复及时率 / 区域气象观测站100% / 修复及时率		1. 台站修复及时率＝24小时内修复次数/出现故障次数×100%，台站级维修由台站自行承担； 2. 省级修复及时率＝36小时内修复次数/进入省级维修次数×100%，省级维修由信息中心承担，台站在24小时内无法维修完成的，进入省级维修。	信息中心
		信息中心（台站级）		
		浦东局		
		宝山局		
		闵行局		
		嘉定局	说明：各单位每次台站级维修均需在ASOM中填报、解除故障单，信息中心提供统计结果。省级维修不再单独填报，根据故障修复时间，确定是否需统计省级	
		青浦局		
		金山局		
		松江局		
		奉贤局		
		崇明局		
		信息中心（省级）		
	风廓线雷达100% / 修复及时率		1. 台站修复及时率＝12小时内修复次数/出现故障次数×100%，台站级维修由台站自行承担； 2. 省级修复及时率＝48小时内修复次数/进入省级维修次数×100%，省级维修由信息中心承担，台站在12小时内无法维修完成的，进入省级维修。	
		信息中心（台站级）		
		松江局	说明：各单位每次台站级维修均需在ASOM中填报、解除故障单，信息中心提供统计结果。省级维修不再单独填报，根据故障修复时间，确定是否需统计省级	

体系总目标	绩效指标(分解)		执行部门		输出结果	结果提供部门
观测设备故障率(包括软硬件)	故障修复及时率	风廓线雷达 100%	嘉定局	修复及时率		信息中心
			奉贤局			
			金山局			
			海洋台			
			信息中心(省级)			
		自动土壤水分观测站 100% 风险点:无省级维修	松江局台站 24 小时内,信息中心 48 小时内	修复及时率	1.台站修复及时率＝24 小时内修复次数/出现故障次数×100%,台站级维修由台站自行承担; 2.省级修复及时率＝48 小时内修复次数/进入省级维修次数×100%,省级维修由信息中心承担,台站在 24 小时内无法维修完成的,进入省级维修。	
					说明:松江每次维修均需在 ASOM 中填报、解除故障单,信息中心提供统计结果	
		GNSS/ MET 100%	气科所	修复及时率	修复及时率＝48 小时内修复次数/故障次数×100%,气科所承担台站和省级维修职责	
					说明:气科所每次维修均需在 ASOM 中填报、解除故障单,信息中心提供统计结果	
		大气成分 100%	环境中心	修复及时率	修复及时率＝48 小时内修复次数/故障次数×100%,环境中心承担台站和省级维修职责	
					说明:环境中心每次维修均需在 ASOM 中填报、解除故障单,信息中心提供统计结果	
用户满意度	用户满意度	年度用户满意度得分 90 以上	观测预报处	用户满意度	每年发放调查问卷抽样调查,根据问卷得分汇总	观测预报处
	用户投诉反馈数	用户投诉及有效反馈小于 6 起/季度			每季度业务例会统计当季度用户问题反馈及处理情况,年度汇总	

续表

体系总目标	绩效指标(分解)		执行部门		输出结果	结果提供部门
用户反馈处理及时率	问题反馈及时性	涉及操作合规性问题反馈1个工作日内完成处理	观测预报处	问题反馈及时性	根据日常实际用户反馈情况统计	观测预报处
		涉及非建设类改善性问题反馈20工作日内完成处理				
		涉及建设类改善型问题反馈20工作日内答复				
采购完成及时率	采购及时性	完成率100%	各单位	采购及时性	实际完成采购数/应完成采购数×100%(1次/年)	计财处
装备报废完成率	完成率100%	完成率100%	各单位	报废完成率	实际报废数/应完成报废数×100%(1次/年)	观预处

备注:1.各设备均需在ASOM中填报维护维修,以便信息中心统计保障活动及时率、仪器装备运行稳定性、故障修复及时率;

2.宝山、环境中心需向观预处提供高空、大气成分定标及时率,其他定标及时率信息中心统计;

3.高空、地面各站需向观预处报探测环境月报;

4.月统计结果,由结果提供部门每月10日前报观预处,并标注本月是否开展年维护和年定标;

5.日月年维护,均需在维护完成24小时内通过ASOM填报,月(年)维护需在当月(年)完成;

6.维修应在故障发生24小时内通过ASOM填报故障单,维修完成后24小时内关闭故障单;

7.月(年)定标需在当月(年)完成。

表 2.3　装备运行情况通报表

设备名	考核指标					责任单位	备注
	保障活动及时率	仪器装备运行稳定性	探测环境保护上报及时率	定标及时率	故障修复及时率		
新一代天气雷达	日周月年维护，ASOM 填报维护维修，按月，年通报	月年通报	/	月，年定标，按月，年通报	ASOM 填报维修，月年通报	信息中心	
国家级地面气象站	日月年维护，ASOM 填报维护维修，按月年通报	月年通报	按月报送，通报	年定标，按年通报	ASOM 填报维修，月年通报	中心台	
	日月年维护，ASOM 填报维护维修，按月年通报	月年通报	按月报送，通报	年定标，按年通报	ASOM 填报维修，月年通报	海洋台	
	日月年维护，ASOM 填报维护维修，按月年通报	月年通报	按月报送，通报	年定标，按年通报	ASOM 填报维修，月年通报	浦东局（2 个站）	
	日月年维护，ASOM 填报维护维修，按月年通报	月年通报	按月报送，通报	年定标，按年通报	ASOM 填报维修，月年通报	宝山局	
	日月年维护，ASOM 填报维护维修，按月年通报	月年通报	按月报送，通报	年定标，按年通报	ASOM 填报维修，月年通报	闵行局	
	日月年维护，ASOM 填报维护维修，按月年通报	月年通报	按月报送，通报	年定标，按年通报	ASOM 填报维修，月年通报	嘉定局	
	日月年维护，ASOM 填报维护维修，按月年通报	月年通报	按月报送，通报	年定标，按年通报	ASOM 填报维修，月年通报	青浦局	
	日月年维护，ASOM 填报维护维修，按月年通报	月年通报	按月报送，通报	年定标，按年通报	ASOM 填报维修，月年通报	金山局	

续表

设备名	考核指标					责任单位	备注
	保障活动及时率	仪器装备运行稳定性	探测环境保护上报及时率	定标及时率	故障修复及时率		
国家级地面气象站	日月年维护,ASOM填报维护维修,按月年通报	月年通报	按月报送,按月通报	年定标,按年通报	ASOM填报维修,月年通报	松江局	
	日月年维护,ASOM填报维护维修,按月年通报	月年通报	按月报送,按月通报	年定标,按年通报	ASOM填报维修,月年通报	奉贤局	
	日月年维护,ASOM填报维护维修,按月年通报	月年通报	按月报送,按月通报	年定标,按年通报	ASOM填报维修,月年通报	崇明局	
	/	/			省级维修不再单独填报,根据故障修复时间,确定是否统计省级	信息中心(省级)	
高空气象观测站	月年维护,ASOM填报维护维修,按月年通报	月年通报	按月报送,按月通报	年定标,按年通报	ASOM填报维修,月年通报	宝山局	
区域气象观测站	ASOM填报维修,按月,年通报	月年通报	/	两年定标,按年通报	ASOM填报维修,月年通报	信息中心(台站级)	
	ASOM填报维修,按月,年通报	月年通报	/	两年定标,按年通报	ASOM填报维修,月年通报	浦东局	
	ASOM填报维修,按月,年通报	月年通报	/	两年定标,按年通报	ASOM填报维修,月年通报	宝山局	
	ASOM填报维修,按月,年通报	月年通报	/	两年定标,按年通报	ASOM填报维修,月年通报	闵行局	

续表

设备名	考核指标					责任单位	备注
	保障活动及时率	仪器装备运行稳定性	探测环境保护上报及时率	定标及时率	故障修复及时率		
区域气象观测站	ASOM 填报维修，按月、年通报	月年通报	/	两年定标，按年通报	ASOM 填报维修，月年通报	嘉定局	
	ASOM 填报维修，按月、年通报	月年通报	/	两年定标，按年通报	ASOM 填报维修，月年通报	青浦局	
	ASOM 填报维修，按月、年通报	月年通报	/	两年定标，按年通报	ASOM 填报维修，月年通报	金山局	
	ASOM 填报维修，按月、年通报	月年通报	/	两年定标，按年通报	ASOM 填报维修，月年通报	松江局	
	ASOM 填报维修，按月、年通报	月年通报	/	两年定标，按年通报	ASOM 填报维修，月年通报	奉贤局	
	ASOM 填报维修，按月、年通报	月年通报	/	两年定标，按年通报	ASOM 填报维修，月年通报	崇明局	
风廓线雷达	/	/	/	/	省级维修不再单独填报，根据故障修复时间，确定是否省级	信息中心（省级）	
	年维护，ASOM 填报维护维修，按月年通报	月年通报	/	/	ASOM 填报维修，月年通报	信息中心（台站级）	
	年维护，ASOM 填报维护维修，按月年通报	月年通报	/	/	ASOM 填报维修，月年通报	松江局	

续表

设备名	考核指标					责任单位	备注
	保障活动及时率	仪器装备运行稳定性	探测环境保护上报及时率	定标及时率	故障修复及时率		
风廓线雷达	年维护，ASOM填报维修，按月年通报	月年通报	/		ASOM填报维修，月年通报	嘉定局	
	年维护，ASOM填报维修，按月年通报	月年通报	/		ASOM填报维修，月年通报	奉贤局	
	年维护，ASOM填报维修，按月年通报	月年通报	/		ASOM填报维修，月年通报	金山局	
	年维护，ASOM填报维修，按月年通报	月年通报	/		ASOM填报维修，月年通报	海洋台	
	/	/		年定标，按年通报	省级维修不再单独填报，根据故障修复时间，确定是否统计省级	信息中心（省级）	
自动土壤水分站	ASOM中填报维修，按月年通报	月年通报	/		ASOM填报维修，月年通报	松江局	
GNSS/MET	年维护，ASOM填报维修，按月年通报	月年通报	/		ASOM填报维修，月年通报	气科所	
大气成分	月维护，ASOM填报维修，按月年通报	月年通报	/	年定标，按年通报	ASOM填报维修，月年通报	环境中心	

备注：

1. 新一代天气雷达

（1）保障活动及时率＝停机通知及时率×20%＋维护活动及时率×40%＋维修活动及时率×40%，日、周、月、年维护，每年维护次数＝年日数＋年周数＋月数＋1。如365＋52＋12＋1；

（2）仪器装备运行稳定性＝（雷达实际运行时间＋雷达维护时间＋专项活动停机时间＋特殊情况停机时间）/业务观测应运行总时间×100%；

（3）定标及时率＝规定时间内完成定标的次数/应定标的总次数×100%，月、年定标，一年定标12＋1＝13次；

（4）故障修复及时率＝72小时内修复次数/故障次数×100%。

2. 国家地面站

（1）保障活动及时率＝规定时间内实际填报维护和维修表单次数/应填报维护和维修表单总次数×100%。每日、月、年，年均需开展维护，全年填报维护次数应为每年日数＋月数＋年数，如365＋12＋1＝378。维修次数按实际统计；

（2）仪器装备运行稳定性＝（应工作时次－未到站时次－数据错误时次）/应工作时次×100%；

（3）探测环境保护上报及时率＝每月5日前上报的次数/应上报的总次数×100%；

（4）定标及时率＝规定时间内完成定标的次数/应定标次数×100%，每站一年一次定标；

（5）a.台站故障修复及时率＝12小时内修复次数/出现故障次数×100%，台站级维修由台站自行承担；b.省级故障修复及时率＝36小时内修复次数/进入省级维修次数×100%，c.台站12小时内无法维修完成的，进入省级维修。

3. 高空站

（1）保障活动及时率＝规定时间内实际填报维护和维修表单次数/应填报维护和维修表单次数×100%，每月、年维护，全年填报维修次数为12＋1＝13。维修次数按实际统计；

（2）仪器装备运行稳定性＝雷达故障时次/应工作次数×100%；

（3）探测环境上报及时率＝每月5日前上报的次数/应上报的总次数×100%，一年一次，宝山眼地面环境月报分别报，含高空环境，用氢自查两表；

（4）定标及时率＝规定时间内完成定标的次数/应定标次数×100%，高空级维修由台站自行承担，只统计台站级。

（5）故障修复及时率＝12小时内修复次数/出现故障次数×100%，台站级维修由台站自行承担；b.省级故障修复及时率＝36小时内修复次数/进入省级维修。

4. 区域站

（1）保障活动及时率＝规定时间内实际填报维修数/应报维修总次数×100%，维修次数按实际统计；

（2）仪器装备运行稳定性＝（应工作时次－未到站时次－数据错误时次）/应工作时次×100%，一年一次；

（3）定标及时率＝规定时间内完成定标的次数/应定标次数×100%，两年定标一次；

（4）a.台站故障修复及时率＝24小时内修复次数/出现故障次数×100%，台站级维修由台站自行承担；c.台站在24小时内无法维修完成的，进入省级维修。

5. 风廓线雷达

级维修次数×100%，省级维修由信息中心承担。

统计；

(1)保障活动及时率＝规定时间内实际填报维护和维修表单次数/应填报的维护维修单次数×100%，每年填报维护，全年填报维护次数为1，维修次数按实际统计；

(2)仪器装备运行稳定性＝(实际运行时间＋维护时间)/应运行总时间×100%；

(3)定标及时率＝规定时间内完成定标的次数/应定标的总次数×100%，每年定标一次，信息中心(省级)承担；

(4)a.台站故障修复及时率＝12小时内修复次数/出现故障次数×100%，台站级维修由台站自行承担；b.省级故障修复及时率＝48小时内修复次数/进入省级维修次数×100%，省级维修由信息中心省级承担；c.台站在12小时内无法维修完成的，进入省级维修。

6. 自动土壤水分站

(1)保障活动及时率＝规定时间内实际填报维修次数/应填报总维修次数×100%，维修次数按实际统计；

(2)仪器装备运行稳定性＝(应工作时次-未到报时次-报文格式错误时次-数据缺测)时次/应工作时次×100%；

(3)故障修复及时率＝24小时内修复次数/出现故障次数×100%，自动土壤水分站维修由台站自行承担，只统计台站。

7. GNSS/MET

(1)保障活动及时率＝规定时间内实际填报的维护和维修表单次数/应填报的维护维修单次数×100%，年维护，全年维护次数为1，维修次数按实际统计；

(2)仪器装备运行稳定性＝(应到报时次-未到报时次-不能正常解压时次)/气科所承担承压时次/应到时次×100%，气科所承担维修职责，只统计气科所；

(3)故障修复及时率＝48小时内修复次数/故障修复次数×100%。

8. 大气成分

(1)保障活动及时率＝规定时间内实际填报维护和维修表单次数/应填报的维护维修单次数×100%，月，年维护，全年维护次数为12＋1，维修次数按实际统计；

(2)仪器装备运行稳定性＝(实际运行时间＋例行维护时间)/(业务规定应运行总时间)×100%；

(3)定标及时率＝规定时间内完成定标的次数/应定标的总次数×100%，每年定标一次；

(4)故障修复及时率＝48小时内修复次数/故障修复次数×100%，环境中心承担维修职责，只统计环境中心。

9. 人为、非人为导致的质量下降，均不予剔除。非人为产生的质量下降，可通过适当的抢修等应急措施减弱影响，可参照中国气象局通过纳入非人为原因的考核，促进应急能力提升。

表 2.4　数据质量情况通报表

编号:SHQXJ-QF-MP0201-07

设备名	数据传输及时率	数据可用性	疑误数据反馈及时率	数据归档完成率	责任单位	备注
新一代天气雷达		/	/	/	信息中心	
国家级地面气象站				/	中心台	
				/	海洋台	
				/	浦东局(2个站)	
				/	宝山局	
				/	闵行局	
				/	嘉定局	
				/	青浦局	
				/	金山局	
				/	松江局	
				/	奉贤局	
				/	崇明局	
高空气象观测站	/		/		宝山局	
区域气象站				/	信息中心	
				/	浦东局	
				/	宝山局	
				/	闵行局	
				/	嘉定局	
				/	青浦局	
				/	金山局	
				/	松江局	
				/	奉贤局	
				/	崇明局	
风廓线雷达		/	/		信息中心(台站级)	
		/	/		松江局	
		/	/		嘉定局	
		/	/		奉贤局	
		/	/		金山局	
		/	/		海洋台	
自动土壤水分站		/	/		松江局	

续表

设备名	数据传输及时率	数据可用性	疑误数据反馈及时率	数据归档完成率	责任单位	备注
GNSS/MET		/	/	/	气科所	
大气成分		/	/	/	环境中心	
酸雨		/	/	/	浦东局	
		/	/	/	宝山局	

备注：

1.此表内容均由信息中心提供；

2.站点迁建撤导致的质量下降,各单位应在每月底前告知信息中心和观预处,以便剔除。其他人为、非人为导致的质量下降,不予剔除。

表2.5　其他运行情况通报　　编号:SHQXJ-QF-MP0201-08

单位名	考核内容				备注
	采购完成及时率	装备报废完成率	新站点建设项目按期完成率	业务准入和退出数	
信息中心	按年	按年	按年	按年	
中心台					
海洋台					
环境中心					
气科所					
浦东局					
宝山局					
闵行局					
嘉定局					
青浦局					
金山局					
松江局					
奉贤局					
崇明局					

备注：

1.采购完成及时率、装备报废完成率、新站点建设项目按期完成率、业务准入和退出数由各单位自行报送观预处,观预处核对后进行通报；

2.业务准入和退出数,统计准入、退出的总数,如去年10个,今年2个,则今年应报12个。

表 2.6　观测质量管理体系用户反馈情况

编号：SHQXJ-QF-MP0201-09

	用户满意度(问卷打分)	用户投诉次数	用户反馈处理及时率	备注
得分	按年	按年	按年	
与上年度相比	按年	按年	按年	

备注：

1.满意度调查由观预处组织，统计多份调查的平均分；

2.以观预处收集到的预报服务部门的单位名义投诉为准，个人或各单位自行收到的作为内部沟通，不纳入投诉；

3.用户反馈，以观预处收集到并下发给相关单位的为准，投诉、建议等均需反馈。各单位或个人自行收集的作为内部沟通，不纳入用户反馈。

表 2.7　观测质量问题通报反馈表

编号：SHQXJ-QF-MP0201-10

单位	存在问题	备注
	国家站数据可用性倒数第一	
	自动土壤水分数据传输及时率，相比上次通报出现下滑	
	保障活动及时率相比上次通报出现下滑	

备注：

1.数据质量和装备运行情况通报部分：(1)若该项设备有多家单位被考核，则该设备任一考核指标为全局倒数第一的单位，需反馈问题原因和措施；

(2)若该设备只有一家单位被考核，则该设备任一指标相比上次通报出现下滑的，需反馈问题原因和措施。

2.其他情况通报部分：任一项指标为全局倒数第一的单位，需反馈问题原因和措施。

3.年月通报均由观预处明确需反馈的单位名录。

表 2.8　观测质量通报反馈表　编号：SHQXJ-QF-MP0201-11

单位	问题类型	问题原因	改进措施	备注
	指某种设备的具体问题，如自动站的数据传输及时率低于国家考核要求，区域站的仪器装备运行稳定性为全局倒数第一，环境中心的采购完成及时率倒数第一	指产生该问题的主客观原因，如本单位(或信息中心、电信公司)网络瘫痪、维护人员维护不到位等	为避免该问题的出现，采取的长效或应急措施，如建立网络备份，加强人员考核等	

单位	问题类型	问题原因	改进措施	备注

备注：

　　1.根据观预处提供的需反馈单位名录,各单位分析问题原因并明确整改措施;

　　2.年月通报均需反馈。

2.2　内部审核管理程序

2.2.1　目的

为验证上海市气象局气象观测质量管理体系的完整性、符合性以及运行有效性,推动质量管理体系的持续改进,制订本程序。

2.2.2　范围

本程序适用上海气象局气象观测系统质量管理体系对于内部审核活动控制管理。

2.2.3　术语

GB/T 19001-2013《管理体系审核指南》标准所确立的术语和定义适用于本程序。

2.2.4　职责

（1）管理者代表

由最高管理层任命，负责组织全局内部审核的策划，识别并确保提供必要的资源。

（2）内审组组长

由管理者代表任命，负责根据本局各项质量活动的实际情况及其重要性编制内部审核计划，并由管理者代表批准（管理者代表自行担任组长时，由最高管理者批准），组织安排内审员实施内部审核，并负责出具审核报告。

（3）内审员

由各部门业务骨干或部门管理者担任，经局领导任命并通过质量管理体系内审员培训合格后担任。内部审核时组成内审组，按内审计划的安排实施审核，并将审核中所发现的问题进行汇总讨论，对于认为需要进行有效整改的问题应作为书面不符合项提出，由受审核部门负责人确认后及时采取纠正措施。

（4）受审核部门负责人

按内审要求，提供保证审核过程有效进行的资料，配合内审组开展审核工作。对审核中发现的不符合项及时采取纠正和预防措施，确保消除被发现的不合格项并分析其原因；保存纠正和预防措施的有关记录。

2.2.5　工作程序

2.2.5.1　审核前准备

（1）内部审核每年不少于 1 次，具体年度审核方案由管理者代表在年初确定。

（2）审核前由管理者代表根据审核部门及审核内容指定审核组长，选择审核员，组成审核组；审核组成员应由经公司能力认定的内审员担任。

（3）审核组长负责编制内部审核计划，经管理者代表批准后于审核前三天发至受审核部门。

（4）内部审核计划应包括：审核目的、范围、依据、方法、审核组人员组成及分工、日程安排、受审核方部门等；在审核计划的安排中，避免审核员审核自己本职或本部门的工作。

（5）审核组成员在审核前应熟悉标准及《质量管理手册》《程序文件》、各业务过程相关管理制度等文件，并按分工编制检查表，审核组长将检查表汇总审查后返回审核员。

2.2.5.2 审核的实施

(1)审核组长组织审核对象部门负责人及相关者、审核员进行首次会议,必要时其结果记录于会议录中。会中说明内部审核的日程,审核目的,审核范围,部门的时间安排,审核时主要确认事项,并在需要调整时进行协商调整。

(2)审核员依据检查表按审核计划或《×××年度内部审核活动安排表》时间安排进行现场审核。审核员通过面谈、查阅文件、检查现场获取客观证据并做好审核记录。

(3)审核员在审核中发现问题时,应及时与受审核方口头反馈,如有任何误解亦应尽早澄清。

(4)现场审核结束后,审核组长召集审核组内部会议,对审核中发现的问题进行综合评价,然后由各位内审员按分工填写《不符合项报告》,对不合格事实予以陈述。不合格事实的陈述要求真实、简明、确切。不合格事实应由受审核方领导确认。

(5)审核组长组织审核组成员、受审核方领导和有关人员参加末次会议。末次会议主要内容:审核组长重申本次审核的目的、范围、依据;审核员分别宣读不符合项报告并对检查中发现的不合格进行陈述;确认纠正措施制定与完成纠正措施时间;审核组长对其管理体系进行综合评价;提出后续工作要求,审核双方应形成会议记录。

(6)末次会议结束后,审核组长应根据《内部审核检查表》,《不符合项报告》制作《内部审核报告》,得到最高管理者认可后相关记录交于管理者代表进行保管。

2.2.5.3 不符合项的整改

(1)被审核部门负责人应分析不符合项报告中的不符合内容,在要求日期内实行纠正措施,且纠正措施结束后,在不符合项报告中记录纠正措施事项并向审核组长报告。

(2)审核组长根据提出的不符合项报告确认并审核纠正措施的落实情况,且得到管理者代表认可。如纠正措施未结束时,应再次要求进行纠正措施的策划、落实及跟踪验证。

(3)内部审核的纠正措施结束时,审核组长应把《不符合项报告》(包括对纠正措施有效性的验证及记录)交于管理者代表进行保管,并作为年度管理评审的输入之一。

2.2.6　记录表格

(1)内部审核计划记录

(2)《首/末次会议记录》SHQXJ-QF-MP0202-01

(3)《内部审核检查表》SHQXJ-QF-MP0202-02

(4)《内部审核报告》SHQXJ-QF-MP0202-03

(5)《不符合项报告》SHQXJ-QF-MP0202-04

(6)《×××年度内部审核活动安排表》SHQXJ-QF-MP0202-05

2.2.7　过程绩效/质量目标

(1)内部审核按期实施

(2)整改事项按时落实并完成验证关闭

2.2.8　过程中的风险和机遇的控制

表 2.9　过程中的风险和机遇的控制

风险	应对措施	执行时间	负责人	监视方法
对于已识别的改进机会无法有效改进	通过明晰的处理职责和流程,确保问题及改进事项的及时关闭	每次	观测预报处	评审
因内审人员能力不足而导致内审失效	内审员应经过具有内审培训资格的培训机构的培训、考试合格,取得内审资格证书,具备审核任务相适应的能力	每次	观测预报处	内审员资格评审

2.2.9　相关/支持性文件

详见《上海市气象观测业务质量体系发文合集2006—2018》。

2.2.10　附录

附录 1

×××年度内部审核活动安排表

编号：SHQXJ-QF-MP0202-05

被审核单位				
审核日期	年　月　日至　月　日			
审核组别		联系人	电话	
日期/时间	拟审核的过程或活动			涉及的部门/场所

附录 2

内审检查表

编号：SHQXJ-QF-MP0202-02

过程名称		审核员		日期	
主要责任部门		对应人员		页次	
过程涉及部门					
对应的程序文件					
过程的输入 （要求、准则、规范）					
过程的输出 （形成的记录证据）					
过程绩效指标					

涉及标准条款	审核内容	审核记录	评价

附录3

不符合项报告

编号:SHQXJ-QF-MP0202-04

受审单位		单位负责人		编号	
审核员		审核时间		审核地点	

不符合事项须于_____月_____日前提出纠正与预防措施

不符合事项内容:

不符合_____ 标准第_____条款,属 □严重 □轻微 □观察

审核员: 受审部门确认:

原因分析:

受审部门负责人签名:

纠正与预防措施及完成日期

受审部门负责人签名:

改善确认	审核员:
	审核组长:

备注:

附录 4

内部审核报告

编号:SHQXJ-QF-MP0202-03

审核目的:	
审核范围:	
审核依据:	
受审核单位:	审核日期:
审核组长:	审核员:
审核计划实施情况:	
存在的重要问题:	
体系运行情况总结及有效性、符合性结论: 审核组长签名:	

附录5

首/末次会议记录

编号：SHQXJ-QF-MP0202-01

时　间		主持人	
人员		地　点	
会议主题			

参加人	单位/部门	参加人	单位/部门	参加人	单位/部门

会议总结：

2.3　管理评审管理程序

2.3.1　目的

为保障管理评审的有效实施,以验证上海市气象局气象观测质量管理体系的适宜性、充分性和有效性,推动质量管理体系的持续改进,制订本程序。

2.3.2　范围

本程序适用于对上海市气象局气象观测质量管理体系进行的管理评审活动。

2.3.3　术语

GB/T 19001-2016 标准所确立的术语和定义适用于本程序。

2.3.4　职责

(1)最高管理层

通常指局最高领导层,是主持管理评审的责任人。负责主持管理评审会议,并针对各部门提交的管理评审输入材料给出评审意见。

(2)观测与预报处

负责制订管理评审计划,负责召集管理评审会议,收集、汇总各部门上报的管理输入材料,并组织协调各部门完成评审后改进措施的跟踪验证和报告。

(3)各部门负责人

负责准备、提供与本部门工作有关的管理评审输入资料,负责实施管理评审中提出的相关改进措施并对实施效果进行跟踪和验证。

2.3.5　工作程序

2.3.5.1　管理评审的策划

(1)管理评审每年至少一次(两次管理评审之间的间隔不超过 12 个月),定期管理评审的时间一般在年底或次年的一月份。当遇到内外部环境发生重大变化或调整时（如：单位组织机构、产品范围、资源配置发生重大变化时；当适用的法律、法规、标准及其他要求有重大变化时；社会需求发生重大变化时），或发生重大质量事故时，相关方关于质量问题有严重投诉或投诉连续发生时，及最高管理者认为有必要时，可适当增加管理评审频次。

（2）在实施管理评审前，观测与预报处应根据最高管理者者对本次管理评审的意图和质量管理体系的要求，组织策划管理评审活动，编制管理评审计划。管理评审计划的内容应包括：本次评审的时间安排、参加人员、主要议程、所需的准备工作等。管理评审计划应经最高管理者批准后下发至各部门。

（3）各部门在接到管理评审计划之后，应根据管理评审计划的要求准备管理评审的输入材料，并上报至观测与预报处汇总。管理评审的输入材料主要包括：各部门年度工作总结（含相关质量目标达成情况）、本年度管理体系内审及外审的情况、顾客（含内部顾客）的反馈及对顾客满意度的监测情况、各过程外供方的绩效、各过程中可改进的机会、各部门对于资源的需求、以往管理评审所提改进措施的实施情况等等；同时最高管理者应考虑组织内外部环境的变化、上级主管单位及业务需求单位等相关方的要求、战略发展规划在本年度的实现情况等一并作为本次管理评审的输入。

2.3.5.2　管理评审的实施

（1）管理评审的形式通常为会议，由最高管理者主持，可结合每年度工作总结会议进行。

（2）观测与预报处负责协调组织会议安排，包括人员召集、材料分发、会议签到记录、会议内容记录等等；

（3）最高管理者根据输入材料对管理体系运行情况进行总体评价，总结管理体系的运行效果，并从当前绩效上识别与预期目标的差距，同时考虑可以优化改进业务的机会，明确后续改进的主要方向等。

（4）管理评审结束后应形成管理评审报告（或管理评审会议纪要），由观测与预报处负责拟定，经最高管理者审核后签发。

2.3.5.3　管理评审的输出及后续事宜

（1）管理评审的输出主要包括：质量方针、质量目标的适宜性（是否需要修订调整）；管理体系变更的需求（如：组织架构调整、过程或业务的变化等等），后续改进的机会或建议，以及对于资源（包括人力资源、设施设备与环境、技术或财务资源等）的需求。上述输出均应在管理评审报告或管理评审会议纪要中体现。

（2）各部门负责人应根据管理评审输出中的改进要求，制订改进计划（明确责任人、时间节点及具体实施方案),并上报观测与预报处。

(3)各部门应按照改进计划中的进度节点落实具体的改进措施,观测与预报处负责对这些改进措施的实施情况及实施效果进行跟踪验证,并形成记录归档,作为下次管理评审的输入之一

2.2.6 记录表格

(1)《管理评审计划》SHQXJ-QF-MP0203-01

(2)《年度管理评审报告》SHQXJ-QF-MP0203-03

(3)《年度管理评审跟踪措施》SHQXJ-QF-MP0203-04

(4)《管理评审通知单》SHQXJ-QF-MP0203-02

2.2.7 过程绩效/质量目标

(1)管理评审按期实施

(2)整改事项按时落实并完成验证关闭

2.2.8 过程中的风险和机遇的控制

表 2.10 过程中的风险和机遇的控制

风险	应对措施	执行时间	负责人	监视方法
管理评审未能及时展开或间隔时间过长,导致有效性降低	通过制订工作计划,确保两次管理评审时间间隔不大于 12 个月	每年	最高管理者	评审
对于已识别的改进机会无法有效改进	通过明晰的处理职责和流程,确保问题及改进事项的及时关闭;	每次	观测预报处	评审

2.2.9 相关/支持性文件

详见《上海市气象观测业务质量体系发文合集 2006—2018》。

2.2.10 附录

管理评审通知单

编号:SHQXJ-QF-MP0203-02

上海市气象局观测与预报处

便函

一、会议时间

二、会议地点

三、参会人员

四、会议内容

观测与预报处

年　月　日

年度管理评审报告

编号：SHQXJ-QF-MP0203-03

评审日期		评审地点	
评审目的		评审范围	
评审主持人		评审依据	
评审会议参加人员			
评审项目			
评审综述			

整理　　　　　　　　　　　　　　　　　批准

年度管理评审的跟踪措施

编号：SHQXJ-QF-MP0203-04

序号	措施内容	实施部门	完成时间
1			
2			
3			
4			
5			
6			
7			
8			
9			
10			

年度管理评审计划

编号 : SHQXJ-QF-MP0203-01

评审目的 :		
评审会议出席人员 会议主持 : 会议出席 :		
评审内容 :		
各部门管理评审的准备工作 :		
1		
2		
3		
各部门根据评审的内容准备相关资料,于评审前 10 个工作日内提交书面报告。		
评审议程		
1		
2		
3		
评审日期 :		
编制 :　　　　日期 :　　　　批准 :　　　　日期 :		

第3章

上海市气象局综合观测质量管理体系业务过程

3.1　项目导入

3.1.1　可研立项管理程序

3.1.1.1　目的

为了适应上海市气象局战略规划发展,实现上海市气象局观测规划、方案与项目到系统建设,为了满足"科学规划分析,资源配置合理,落实责任主体,顺利有序推进"的总体要求,通过制定明确的流程和工作规范,对项目导入可研立项阶段的工作进行控制和管理,以规避或消除相应的风险,达成预期的目标,并推进整个项目导入过程实现预期的结果。

3.1.1.2　范围

本程序适用于上海市气象局气象观测系统所辖各一类装备站及各区域自动站在观测系统新建、扩建、迁建等项目导入过程中对项目可研立项工作的管理。

3.1.1.3　术语

(1)一类装备站

用于为国家气象业务主干网服务的观测系统站点,如:天气雷达站、风廓线雷达站、大气成分观测站、国家地面观测站、高空站等等。

(2)区域自动站

用于满足当地预报服务需求而建设的自动地面气象观测站。

3.1.1.4　职责

(1)项目实施方

负责项目具体实施落实并对项目实施过程进行监督管理的责任部门,承担项目建设的具体实施单位,负责包括基础建设、设备安装、调试等具体实施操作,通常为省级各业务单位、各区局等。

(2)项目审批方

负责对项目立项评审、关键节点把控、审批与备案,主要包括上海市气象局下属的观测与预报处与计划财务处。

3.1.1.5 工作程序

(1)需求收集分析

① 项目建设需求的来源包含国家级气象部门、省级管理部门、省级业务部门、区局台站等各级气象部门,也包含为服务相关方如当地政府部门、当地企事业单位产生的观测系统建设需求。包含上海市气象局组织撰写若干综合观测发展规划、行动计划、重点工作等任务要求。业务管理部门对项目需求方的需求进行收集分析,判断责任主体、组织预审,批复后通过系统分发。

② 项目实施方接收项目任务,确定任务实施的人员与资源配置进行对接。

(2)站址选择评估

① 项目实施方负责遴选站址,并根据现场勘查结果出具《站址勘察报告书》,组织专家评估。选址要求参见中国气象局程序前期质控中站址管理引用的技术要求。

② 业务管理部门根据观相关国家标准及中国气象局规范和要求(见表 3.1),组织专家对所选定站址的探测环境等要素进行测量分析与评估,接口中国气象局前期质控程序探测环境管理。业务管理部门组织频率范围测试,符合并上报批复后,项目实施方组织站址布局文件编写。对于频率范围不合适的场地进行重新进行选址。

表 3.1 站点探测环境相关规范对照表

站点类型	探测环境评估的依据
地面气象观测站	GB 31221-2014《气象探测环境保护规范 地面气象观测站》
高空气象观测站	GB 31222-2014《气象探测环境保护规范 高空气象观测站》
天气雷达站	GB 31223-2014《气象探测环境保护规范 天气雷达站》《新一代天气雷达选址规定[QX/T 100-2009]》(气发〔2009〕241 号)
风廓线雷达站	《风廓线雷达建设指南》
土壤水分观测站	《观测司关于加强自动土壤水分观测站迁站管理工作的函》(气测函〔2015〕24 号)

站点类型	探测环境评估的依据
全球定位系统气象 观测站(GPS/MET)	《全球定位系统气象观测(GPS/MET)站联合建站标准(试行)》

③ 项目实施方开展站址布局的设计编写,由业务管理部门审批。

④ 频点确定:需要频点观测的系统,业务管理部门组织进行频点测试工作,业务管理部门对频点进行预选并由项目实施方委托第三方机构对预选频率进行测试;业务管理部门根据测试的结果向当地无线电管理委员会等部门申请频点并协调频点的分配确定工作。取得频点后上报中国气象局,接口中国气象局前期质控中的频率管理程序。

(3)立项审批

① 项目实施方根据确定的站址布局等方案,编制预算及进行可行性分析。

② 相关方案上报上海市气象局经审批后,必要时上报中国气象局审批;新建、迁建与撤销站点向中国气象局报备,与前期质控站网管理程序接口程序对接。

③ 项目实施方针对项目编制《可行性研究报告》,上报上海市气象局审批;

④ 可行性研究报告获批后,项目实施方负责编制具体的项目实施方案并上报上海市气象局审批;

⑤ 若方案未获批准,业务管理部门应当与相关业务单位进行沟通后退回,修订后重新提交。

⑥ 评审后的方案文件应当整理保留,并作为后续招标实施的技术依据。

3.1.1.6　记录表单

(1)《重点任务分解表》SHQXJ-QF-OP0101-01

(2)《探测环境报告与批复报告》SHQXJ-QF-OP0101-02

(3)《频点申请报告与频率管理批复报告》SHQXJ-QF-OP0101-03

(4)《站网管理报告与批复报告》SHQXJ-QF-OP0101-04

(5)《可行性方案报告与批复报告》SHQXJ-QF-OP0101-05

3.1.1.7　过程绩效的监视

(1)重点任务分解表下发与落实

(2)探测环境上报及时性

(3)频点申请报告与频率管理批复

(4)站网管理上报及时性

(5)可行性方案上报与批复

3.1.1.8 过程中的风险和机遇的控制(表 3.2)

表 3.2 过程中的风险和机遇的控制

风险	应对措施	执行时间	负责人	监视方法
业务规范、业务流程不健全,不满足业务发展需要	建立业务规范、流程的更新制度,根据业务发展需要适时调整	每年	观测与预报处	专家评审

3.1.1.9 相关/支持性文件

详见《上海市气象观测业务质量体系发文合集 2006—2018》。

3.1.1.10　附录

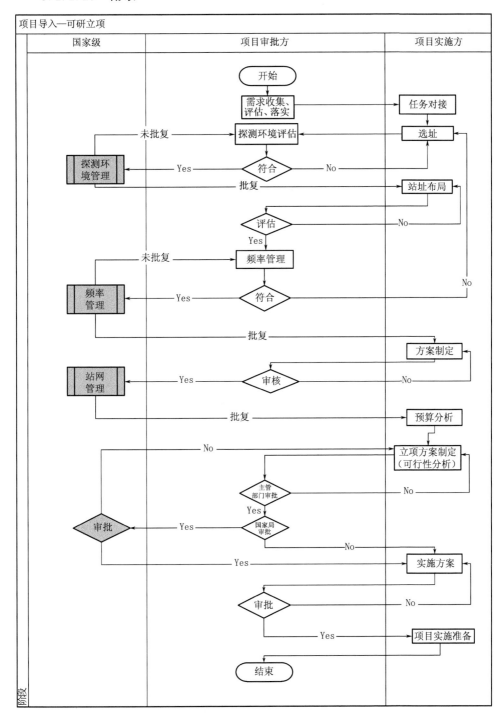

3.1.2 项目实施管理程序

3.1.2.1 目的

通过制定明确的流程和工作规范,对项目导入项目实施阶段的工作进行控制和管理,以规避或消除相应的风险,达成预期的目标,并推进整个项目导入过程实现预期的结果。

3.1.2.2 范围

本程序适用于上海市气象局气象观测系统所辖各一类装备站及各区域自动站在观测系统新建、扩建、迁建等项目导入过程中对项目实施阶段工作的管理。

3.1.2.3 职责和术语

(1)一类装备站

用于为国家气象业务主干网服务的观测系统站点,如:天气雷达站、风廓线雷达站、大气成分观测站、国家地面观测站、高空站等等。

(2)区域自动站

用于满足当地预报服务需求而建设的自动地面气象观测站。

3.1.2.4 职责

(1)项目实施方

负责项目具体实施落实并对项目实施过程进行监督管理的责任部门,承担项目建设的具体实施单位,负责包括基础建设、设备安装、调试等具体实施操作,通常为省级各业务单位、各区局等。

(2)项目审批方

负责对项目立项评审、关键节点把控、审批与备案,主要包括上海市气象局下属的观测与预报处与计划财务处。

3.1.2.5 工作程序

(1)招标采购

对于非国家局统一采购的系统,项目实施方按《台站采购管理程序》及《省级采购管理程序》进行采购管理。

项目实施方按《可行性研究报告》的技术要求进行项目实施。

(2)场地管理

项目实施方按照国家要求的场地管理标准及布局图进行管理和实行(表3.3)。

表 3.3　场地管理相关规范对照表

站点类型	场地管理规定的的依据
地面气象观测站	《地面气象观测场规范化建设图册》 《地面气象观测场值班室建设规范》 《地面气象观测场(室)防雷技术规范》
高空气象观测站	《高空气象观测站制氢用氢设施建设要求》
天气雷达站	《观测司关于规范新一代天气雷达》 《机房场地环境系统暨新一代天气雷达信息共享平台机房建设指南(试行)》 《新一代天气雷达站防雷技术规范》 《中华人民共和国无线电频率划分规定-2014 版》 《观测司关于印发天气雷达站迁移暂行规定的通知》气测函(2013)254 号
风廓线雷达站	《风廓线雷达建设指南》 《中华人民共和国无线电频率划分规定-2014 版》
土壤水分观测站	《全国气象部门自动土壤水分观测站网建设方案》
全球定位系统气象观测站 （GPS/MET）	《全球定位系统气象观测站 GPS/MET 联合建站标准(试行)》
其他	

（3）出厂测试

项目实施方应收集设备合格证明方可开始验收，如出厂测试报告等。

项目实施方按照采购合同进行设备验收签字留档。

中国气象局统一采购的项目，由中国气象局组织相关业务单位进行统一出厂测试。

（4）系统安装

项目实施方按照相关技术规定要求与相关仪器安装手册进行设备安装。

项目实施方应予以监管。

（5）测试验收

项目实施方应当按照中国气象局下发的验收标准进行测试，填写《现场测试报告》。必要时邀请专家共同参与签字确认，厂家与实施方归档保留。目前，部分系统测试标准缺失。

按照规定规范要求为系统试运行做好准备工作。

3.1.2.6　记录表单

《现场测试报告》SHQXJ-QF-OP0102-01

3.1.2.7　过程绩效的监视

（1）完成各项采购

（2）通过出厂测试

（3）完成现场安装

（4）通过现场测试

3.1.2.8 过程中的风险和机遇的控制(表3.4)

表 3.4 过程中的风险和机遇的控制

风险	应对措施	执行时间	负责人	监视方法
测试验收部分标准缺失,遗留问题导致纠纷产生	建立流程,测试验收由双方签字确认,技术难度较高时邀请专家参与	每年	观测预报处	专家评审

3.1.2.9 相关/支持性文件

详见《上海市气象观测业务质量体系发文合集2006—2018》。

3.1.2.10　附录

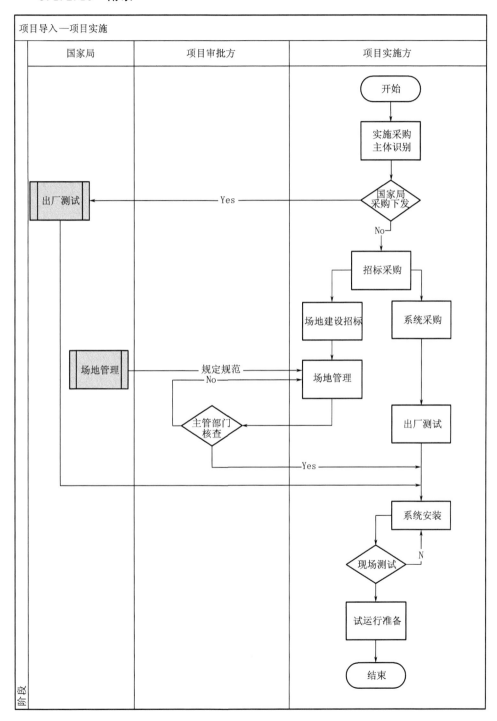

3.1.3 项目验收管理程序

3.1.3.1 目的

通过制定明确的流程和工作规范,对项目导入项目验收阶段的工作进行控制和管理,以规避或消除相应的风险,达成预期的目标,并推进整个项目导入过程实现预期的结果。

3.1.2.2 范围

本程序适用于上海市气象局气象观测系统所辖各一类装备站及各区域自动站在观测系统新建、扩建、迁建等项目导入过程中对项目验收阶段工作的管理。

3.1.2.3 术语

(1)一类装备站

用于为国家气象业务主干网服务的观测系统站点,如:天气雷达站、风廓线雷达站、大气成分观测站、国家地面观测站、高空站等等。

(2)区域自动站

用于满足当地预报服务需求而建设的自动地面气象观测站。

3.1.2.4 职责

(1)项目实施方

负责项目具体实施落实并对项目实施过程进行监督管理的责任部门,承担项目建设的具体实施单位,负责包括基础建设、设备安装、调试等具体实施操作,通常为省级各业务单位、各区局等。

(2)项目审批方

负责对项目立项评审、关键节点把控、审批与备案,主要包括上海市气象局下属的观测与预报处与计划财务处。

3.1.2.5 工作程序

(1)系统试运行

对于有规定规范要求的系统进行试运行,试运行报告作为业务准入的条件之一。

(2)业务验收

由观测与预报处组织业务验收,项目实施方进行配合。

(3)竣工验收

通过业务验收后,由项目审批方联合组织进行竣工验收。必要时,需要邀请专家共同审议,项目实施方进行配合。

如果是中国气象局统一采购支持的项目,由中国气象局统一组织竣工验收,项目审批方与实施方进行配合。

(4)备案

各级单位做好业务验收与项目验收等各级材料的归档工作。

3.1.2.6   记录表单

(1)《系统试运行报告》SHQXJ-QF-OP0103-01

(2)《业务验收报告》SHQXJ-QF-OP0103-02

(3)《项目验收报告》SHQXJ-QF-OP0103-03

3.1.2.7   过程绩效的监视

(1)通过系统试运行

(2)通过业务验收

(3)通过项目验收

3.1.2.8   过程中的风险和机遇的控制(表 3.5)

表 3.5   过程中的风险和机遇的控制

风险	应对措施	执行时间	负责人	监视方法
竣工验收考虑不充分,产生遗留问题	建立流程,项目验收多方评审确认,技术难度较高时邀请专家参与	每年	观测预报处	专家评审

3.1.2.9   相关/支持性文件

详见《上海市气象观测业务质量体系发文合集 2006—2018》。

3.1.2.10 附录

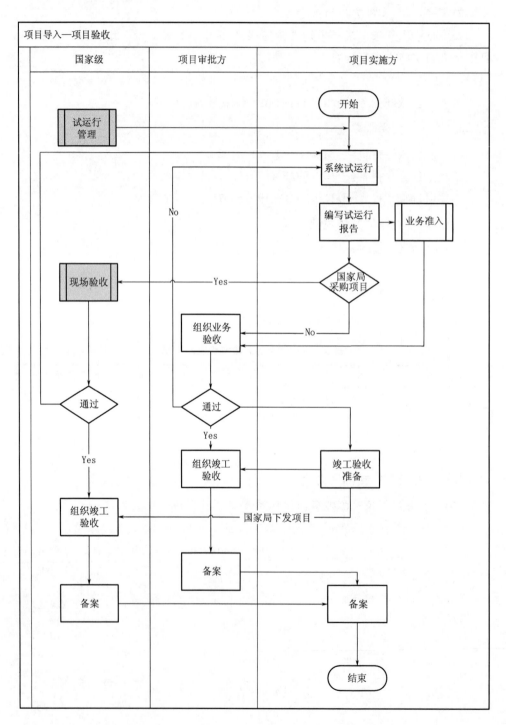

项目导入—项目验收

国家级	项目审批方	项目实施方

3.2　业务准入

3.2.1　目的

为确保气象业务系统的准入与退出遵循需求牵引、成熟科学、优化集约、审慎稳妥的原则,为完善上海市气象部门各类业务系统准入与退出机制,规范业务系统运行管理,提高业务系统的一体化、集约化水平,制定本管理程序。

3.2.2　范围

面向气象业务(包括:观测系统、气象产品、业务开发)应用而开发的系统、平台、软件,经审批正式纳入全局业务投入运行管理或经审批正式退出业务运行管理的过程。

3.2.3　术语

其他(非观测系统)省级业务管理部门
主要包括:应急与减灾处、科技发展处。

3.2.4　职责

(1)观测与预报处
负责全局所有系统业务(包括:观测系统、气象产品、业务开发)准入与退出的统一申请受理、评审、推广应用和后效评估等管理工作。其中负责归口观测系统业务准入与退出的管理。
(2)各业务单位与区局
根据业务、服务需求和系统开发和运行条件,提出新增业务系统准入申请、业务运行或系统退出申请工作。
(3)应急与减灾处
主要负责归口气象产品业务准入与退出的组织评审、推广应用和后效评估等管理工作。

（4）科技发展处

主要负责归口业务开发系统准入与退出的组织评审、推广应用和后效评估等管理工作。

3.2.5　工作程序

3.2.5.1　业务运行准入

（1）申请

各业务单位、各区局根据业务服务需求认为系统具备业务运行准入条件的，向观测与预报处提出业务运行准入申请。

准入申请材料应包括：

① 系统业务准入申请；

② 系统基本情况、测试报告、业务化运行方案（包含系统数据来源、系统运维职责、用户对象、预期效益等）；

③ 项目验收材料、专家意见。

（2）审核

观测与预报处、应急与减灾处、科技发展处负责各归口管理的准入审核。如根据申报材料，无法直接给出准入意见的，可组织专家进行业务准入认证评审，提出准入意见。

（3）批准

观测与预报处、科技发展处、应急与减灾处对各归口管理的系统提出准入意见，报局领导审批后，由观测与预报处向系统准入申请单位给出"同意业务化"或"不同意业务化"的批复意见。中国气象局统一部署的业务系统视同通过业务准入。

3.2.5.2　业务运行退出

（1）退出条件

符合下列条件之一的观测项目，可申请业务运行退出：

① 业务系统已无应用需求、失去应用价值；

② 业务系统技术落后且已有新的系统替代；

③ 系统安全保护等需求；

④ 其他确需退出的情形。

（2）退出申请及初审

观测与预报处负责全局系统业务推出统一申请受理，开展初审，并会同应急与减灾处、科技发展处开展评审。

（3）业务系统退出申请

① 系统业务退出申请

② 业务系统基本现状、退出理由等材料说明；

③ 退出影响评估分析报告。

（4）审核

观测与预报处、应急与减灾处、科技发展处负责各归口管理的退出审核。如根据申报材料，无法直接给出退出意见的，可组织专家进行业务退出认证评审，提出评审意见。

（5）批复退出

观测与预报处、应急与减灾处、科技发展处对各归口管理的系统提出退出评审意见，报局领导审批后，由科技发展处向申请单位提出"同意退出"或"不同意退出"的批复意见。中国气象局统一调整退出的系统视同通过业务退出审批，直接退出。

3.2.5.3　系统准入和退出后的管理

经批准正式投入业务运行的系统，由观测与预报处、应急与减灾处、科技发展处负责纳入应用单位日常业务运行和管理，并组织加强推广应用。

业务系统准入后，各承担单位应明确相应的管理运维人员，完成系统安全等级保护工作，配合信息中心将系统纳入全市一体化业务监控流程。

3.2.6　记录表单

（1）《（观测系统）业务准入申请）》SHQXJ-QF-OP02-01

（2）《（观测系统）业务退出申请》SHQXJ-QF-OP02-02

（3）《（数据及产品）业务准入申请》SHQXJ-QF-OP02-03

（4）《（数据及产品）业务退出申请》SHQXJ-QF-OP02-04

（5）《（业务开发系统）业务准入申请》SHQXJ-QF-OP02-05

（6）《（业务开发系统）业务退出申请》SHQXJ-QF-OP02-06

（7）《业务技术变更/升级通知单》SHQXJ-QF-OP02-07

（8）《业务技术变更/升级任务总结单》SHQXJ-QF-OP02-08

3.2.7　过程绩效的监视

（1）业务准入按期完成

（2）业务退出按期完成

3.2.8　过程中的风险和机遇的控制(表 3.6)

表 3.6　过程中的风险和机遇的控制

风险	应对措施	执行时间	负责人	监视方法
准入与退出业务材料的完整性,	制定多维度审批流程,专业技术委员会质量把关	每月	观测预报处	监督检查

3.2.9　相关/支持性文件

详见《上海市气象观测业务质量体系发文合集 2006—2018》。

3.2.10　附录

上海市气象局观测系统准入申请

编号:SHQXJ-QF-OP02-01

观测与预报处:

　　我单位安装的系统《　　　　　　　　》,已于 20　　年　月　日在

　　　　　　(单位)进行了测试评价(或试运行),现测试(或运行)期满,申请

业务准入,请批复。

单位名称:(公章)

年　月　日

联系人:

联系电话:

上海市气象局观测系统退出申请

编号:SHQXJ-QF-OP02-02

观测与预报处:

    我单位的系统《   》,因系统功能下降等原因在此申请业务
退出,业务评估与分析报告附后,申请业务退出,请批复。

单位名称:(公章)

年   月   日

联系人:

联系电话:

数据及产品业务准入申请表

编号:SHQXJ-QF-OP02-03

单位名称:	
申请准入业务数据及产品种类及数量: 1.观测类:个 2.预报类:个 3.预警类:个 4.服务类:个	
文档完整性	□数据及产品汇交统计表　□产品元数据文档□格式说明文档□站点信息文档
专家论证	技术方案是否通过专家论证　□是□否 是否通过产品业务试运行审查□是□否
单位负责人审查意见: 单位负责人签字:	单位盖章: 日期:
相关内设机构审查意见: 	签字: 日期:
分管局领导审批意见: 	签字: 日期:
批复意见: 	处室盖章: 处室负责人签字: 日期:

数据及产品业务退出申请表

编号：SHQXJ-QF-OP02-04

单位名称：	
申请退出的数据及产品种类及数量： 1. 观测类：个 2. 预报类：个 3. 预警类：个 4. 服务类：个	
申请退出原因	
单位负责人审查意见： 　　　　　　　　　　　　　　　单位盖章： 　　　　　　　　　　　　　　　单位负责人签字： 　　　　　　　　　　　　　　　日期：	
相关内设机构审查意见： 　　　　　　　　　　　　　　　签字： 　　　　　　　　　　　　　　　日期：	
分管局领导审批意见： 　　　　　　　　　　　　　　　签字： 　　　　　　　　　　　　　　　日期：	
批复意见： 　　　　　　　　　　　　　　　处室盖章： 　　　　　　　　　　　　　　　处室负责人签字： 　　　　　　　　　　　　　　　日期：	

上海市气象局业务开发系统准入申请

编号:SHQXJ-QF-OP02-05

科技发展处:

　　我单位研发系统《　　　　　　　　　　　》,已于 20　　年　月　日在
(单位)进行了测试评价(或试运行),现测试(或运行)期满,申请业务准入,请批复。

单位名称:(公章)

年　月　日

联系人:

联系电话:

上海市气象局业务开发系统退出申请

编号：SHQXJ-QF-OP02-06

科技发展处：

　　我单位《　　　　　　　　　》(系统、平台、软件)(已无业务应用需求、已有新的系统替代等情况说明)，申请业务退出，请批复。

单位名称：(公章)

年　月　日

联系人：

联系电话：

业务技术变更/升级通知单

编号：SHQXJ-QF-OP02-07

发起日期：	
截止日期：	
发起单位：	
发起内容：	（简单描述任务来源,要达到的目的以及考核等级等）
技术路线：	（描述达到上述目的的方法,比如切换服务器与数据信息的要求等）
联系人： 电话：	
备注	此项表格适用于任何业务上的变更通知,由任务承担人发起,并负责业务的切换对接工作。在截止日期结束后,填写业务变更/升级总结单。

业务技术变更/升级任务总结单

编号：SHQXJ-QF-OP02-08

总结日期：	
总结单位：	
总结次数	第一次总结/第二次总结/第三次总结
总结内容：	（简单描述任务完成情况等）
完成情况： 原因分析：	（描述是否按时完成要求及其未完成情况分析等等）
需要协调解决 的事宜	（是否需要业务管理部门协调解决及其二次时间节点要求）
联系人： 电话：	
备注	此项表格适用于业务完成情况总结，由任务承担人。根据任务完成情况，分析未完成 原因，需要协调解决的事宜。

3.3　数据管理

3.3.1　观测数据采集运控管理程序

3.3.1.1　目的

为了满足采集数据的"代表性、准确性、比较性"的要求,符合中国气象局相关规范技术标准,满足上海市气象局对数据采集的业务要求而进行业务管理控制。

3.3.1.2　范围

适用于上海市气象局管辖内观测系统对于气象数据的采集及站点运控业务。

3.3.1.3　术语

(1)执行部门

气象观测数据采集业务的具体实施部门,包括各区气象局、上海中心气象台、上海海洋气象台、上海市气象科学研究所、长三角环境气象预报预警中心等。

(2)省级运控部门

主要包括信息中心、上海市气象科学研究所、长三角环境气象预报预警中心等省级单位。

(3)省级管理部门

数据采集运控各阶段统筹管理的责任归口部门。

3.3.1.4　职责

执行部门:负责各相应站点的气象观测数据采集及站点本地的运行监控。

省级运控部门:负责对各站点数据采集之后的省级运行监控。

省级管理部门:负责数据采集运控过程运行管理的监控(表 3.7)。

3.3.1.5　工作程序

3.3.1.5.1　数据采集

(1)数据采集方式

根据站点类型的不同(全自动运行气象台站、有人工干预的气象台站),观测数据的采集方式也分为"全自动采集"和"自动采集＋人工干预"两种,具体分类及与数据来源的对应关系详见表 3.8。

表 3.7　数据来源与部门职责对照表

观测系统	执行部门	省级业务部门	省级管理部门
天气雷达	信息中心探测设备运行保障科	信息中心	观测预报处
风廓线雷达	信息中心探测设备运行保障科，嘉定、松江、奉贤、金山区气象局、上海海洋气象台		
国家自动站	各区气象局、上海中心气象台、上海海洋气象台		
区域自动站	各区气象局、上海海洋气象台、信息中心仪器开发与检定科		
大气成分	长三角环境气象预报预警中心	长三角环境气象预报预警中心	
探空	宝山区气象局	宝山区气象局	
自动土壤水分观测站	松江区气象局	松江区气象局	
酸雨	宝山区气象局、浦东新区气象局	宝山、浦东区气象局	

表 3.8　数据采集方式对照表

站点类型	数据来源	采集方式
全自动运行气象台站	天气雷达	全自动采集
	风廓线雷达	全自动采集
	大气成分	全自动采集
	GNSS/MET	全自动采集
	区域自动站	全自动采集
有人工干预的气象台站	国家地面自动站	自动＋人工
	探空站	自动＋人工
	自动土壤水分观测站	自动＋人工
	酸雨	自动＋人工

（2）全自动采集

全自动数据采集的时段、时效按中国气象局与上海市气象局相关业务规范规定执行。数据采集完成后直接进入站点运行监控步骤（见 4.3 节）。

（3）自动采集＋人工干预

① 国家自动站采集要素：按国家规范规定，分为一般站和基本站。

一般站：温度、湿度、气压、风速、风向、雨量、地面温度、浅层地温、能见度、天气现象、酸雨。人工干预要素：天气现象、日照。

基本站：温度、湿度、气压、风速、风向、雨量、地面温度、浅层和深层地温、能见度、天气现象、辐射、蒸发、酸雨。人工干预要素：天气现象、日照、云、雪深。

② 探空站采集要素：按照中国气象局的规范要求，探空要素全自动采集。

③ 自动土壤水分观测站及酸雨的采集要素略。

3.3.1.5.2　人工干预

(1)人工判断

① 站点值班人员通过目测仪器判断观测气象观测数据是否正常生成。

② 若判断为采集数据正常生成，则直接进入站点运行监控步骤（见 4.3 节），天气雷达站及国家地面自动站点值班人员需填写台站值班日志。

③ 若站点值班人员判断采集数据未正常生成，则需启动备份系统。

(2)备份系统

① 备份系统分为固定备份系统与移动备份系统，应首选固定备份系统，其次选择移动备份系统。

② 若启动备份系统后采集数据能够正常生成，则直接进入站点运行监控步骤（见 4.3 节），站点值班人员填写台站值班日志。

③ 若启动备份系统后采集数据仍不能正常生成，则应通过可移动备份仪器人工采集观测数据，并填写《故障单》和台站值班日志。

3.3.1.5.3　站点运行监控

(1)由程序自动识别观测数据是否生成及是否存在缺失，若发现异常则自动报警，站点值班人员按照《装备保障台站维修管理程序》走"台站维修"过程处理，并填写《故障单》和台站值班日志。台站维修完成后重新采集数据。

(2)若运行监控的结果判定为观测数据正常，则实现向省级业务平台的数据交付，后续转入"数据传输质控"过程（详见《OP0302 观测数据传输质控管理程序》）和"省级运控"过程（详见《OP0304 观测数据省级运控管理程序》）。

3.3.1.6　记录表单

(1)《故障单》SHQXJ-QF-OP0301-01

(2)台站值班日志（《综合业务值班日记》SHQXJ-QF-OP0301-02

(3)《新一代天气雷达日维护记录表》SHQXJ-QF-OP0301-03

3.3.1.7　过程绩效的监视

数据传输及时率

3.3.1.8　过程中的风险和机遇的控制(表 3.9)

表 3.9　过程中的风险和机遇的控制

风险	应对措施	执行时间	负责人	监视方法
故障留痕记录完整性	建立业务规范，要求填写故障单，以便后续改进	每月	省级运控部门	监督检查

3.3.1.9 相关/支持性文件

详见《上海市气象观测业务质量体系发文合集 2006—2018》。

3.3.1.10 附录

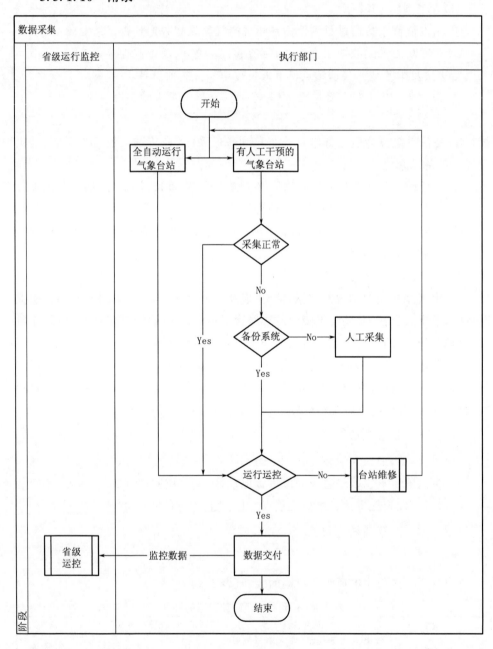

3.3.2　观测数据传输质控管理程序

3.3.2.1　目的

为了满足采集数据的"代表性、准确性、比较性"的要求,符合中国气象局相关规范技术标准,满足上海市气象局对数据质控管理要求进行控制。

3.3.2.2　范围

适用于上海市气象局气象综合观测的数据管理过程中对于气象业务数据质控管理。

3.3.2.3　术语

维保服务外供方:提供系统软件的供应商厂家或专业的维保服务商

3.3.2.4　职责

(1)上海市气象局观测与预报处

是关于观测数据质量控制的业务管理部门。

(2)上海气象局信息中心下属的数据管理与服务科

是日常气象业务数据质控工作的主责部门;下设运行监控岗和首席质控岗。

(3)运行监控岗

负责对气象业务数据传输系统设备和系统数据传输状态的即时监控与汇报;

(4)首席质控岗

负责判断和排除气象业务数据传输系统的故障、恢复系统正常运行并报告相关责任领导;负责对气象业务数据传输提供日常维护以保障系统的正常运行。

3.3.2.5　工作程序

(1)台站数据传输

观测数据经过台站运控后按照相关国家数据管理要求进行传输。

(2)数据接受

省级运行监控岗应监视业务数据的接受情况,未接收到业务数据时应在规定时效内及时反馈台站值守人员,确保业务数据的及时接受。在规定时效内未能处理的业务异常应向首席质控岗或科室领导进行汇报后协商解决。

省级运行监控岗接收到的业务数据应在规定时效内通过数据收发系统上传中国气象局数据库。

(3)CTS 快速质控

省级运行监控岗通过 CTS 系统对原数据进行初步质控处理后的数据应通过数据收发系统再次上传国家局数据库。

省级运行监控岗通过 CTS 系统对原数据进行初步质控后发现异常时应及时与台站值守人员沟通后对业务数据进行纠正,在规定时效内未能处理的业务异常应向首席质控岗或科室领导进行汇报后协商解决。

省级运行监控岗根据原数据检验的结果,对数据进行实时的元数据质量控制标识,符合规定的数据将进入 MDOS 系统质控。

(4)MODS 质量控制

MDOS 气象资料业务系统依据《QX/T 118-2010-地面气象观测资料质量控制》,对自动站实时数据进行全面质控,MDOS 平台每小时自动对数据进行一次实时的数据质量控制。

省级运行监控岗在每周一至周五 9:00 至 17:00 之间(中午休息时间除外),每小时处理一次平台疑误的推送与反馈确认。如果 MDOS 平台判断数据正确,则为数据添加正确的质量控制码后存储至 MDOS 数据库并发送给 CIMISS 平台。

如果 MDOS 平台判断数据存在疑误,首席质控岗对疑误数据进行判断,可以在省级判定数据正确与否的,则在省级处理。如果省级无法判定数据的对错,则将数据推送给相应的区县值班平台,交由区县平台值班人员核查更正。

省级质控岗对台站反馈的疑误数据结果持有异议,则与台站平台值班人员协商解决,必要时向业务管理部门进行汇报。

对于人工主动质疑(诊断勘误时发现的数据疑误)的疑误数据,首席质控岗同样需要进行质量控制以判断数据正确与否。

(5)生成报表文件

省级质控岗负责 MDOS 平台对上一个月的数据进行"月清"操作,确保上一个月所有疑误错情均已处理完毕之后,利用 MDOS 平台的文件制作功能生成 AJ 文件,以供审核。

根据中国气象局相关业务规定,每个月的 5 日之前省级业务管理部门必须完成报表制作及审核工作。

每月 1 日,省级业务管理部门需督促台站值班人员完成上一个月所有错情反馈。

当观测数据经过检验分析后,台站需及时上传概况、纪要、备注等信息以确保 AJ 文件完整性。

(6)检验分析

省级监控运行岗利用 CQDC 软件和 OSSMO 软件对 AJ 文件进行全面审核,辅以人工判断之后形成《错情报告单》并分发给各相关台站进一步核实更正。当 12 个台站的 AJ 文件均通过审核并全部正确时,交由首席质控岗进行组织论证。

(7)组织论证

首席质控岗对于通过审核的 AJ 文件进行组织论证,按照国家相关管理规定评估是否可以进行存档。不符合管理规定的 AJ 文件则再次进行检验分析做新一轮的审核。组织论证通过后,则准备交付数据归档并同步上传至国家气象信息中心。

3.3.2.6　记录表单

《错情报告单》SHQXJ-QF-OP0302-01

3.3.2.7　过程绩效的监视

(1)数据可用率

(2)数据传输时效

3.3.2.8　过程中的风险和机遇的控制(表 3.10)

表 3.10　过程中的风险和机遇的控制

风险	应对措施	执行时间	负责人	监视方法
CTS 质控后数据不正确	建立业务规范、流程,监测机制	每次	数据服务与管理科	专人专岗监控
AJ 文件信息错误	系统运行与人工确认相结合,省级及台站人员共同确认	每次	数据服务与管理科	错情报告单

3.3.2.9　相关/支持性文件

详见《上海市气象观测业务质量体系发文合集 2006—2018》。

3.3.2.10 附录

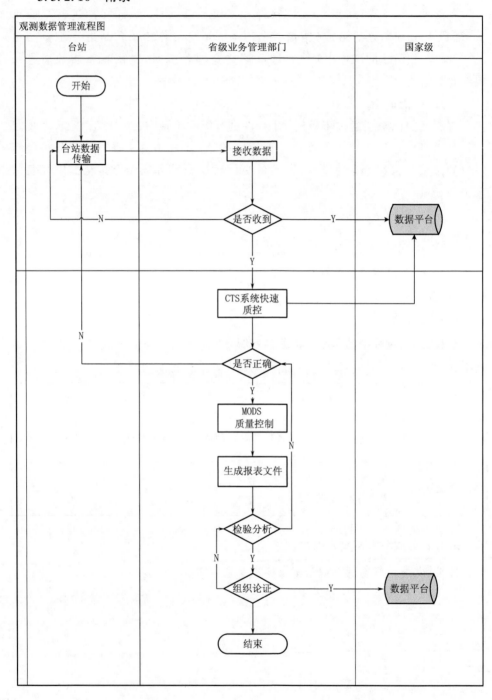

观测数据管理流程图

台站	省级业务管理部门	国家级

3.3.3　观测数据存储归档管理程序

3.3.3.1　目的

为满足中国气象局相关业务要求与上海市气象局的相关规定,实现观测数据的存储与归档而进行业务管理控制。

3.3.3.2　范围

适用于上海市气象局管辖内观测数据的存储与归档。

3.3.3.3　术语

观测数据采集负责单位:观测数据采集的区气象局与事业单位等。

3.3.3.4　职责

(1)信息中心信息档案科

负责各类气象的信息化处理、质量监控、存储、共享、整编、归档工作

(2)信息中心数据管理与服务科

负责观测数据收集、处理、存储、共享与分发

3.3.3.5　工作程序

3.3.3.5.1　数据汇交

(1)质控后数据汇交

地面:通过 MODS 质控后的数据应确保按照相关要求及时接受,非预期情况发生时负责接收数据的人员应及时上报部门管理者。

高空:高空数据应确保按照相关要求及时接受,非预期情况发生时负责接收数据的人员应及时上报部门管理者并通知台站知晓。

信息中心数据管理与服务科质控后数据进行数据确认,必要时通知部门负责人协调解决。

(2)非质控后数据汇交

非地面高空数据经过数据采集后,进行数据汇交。数据上交单位首次应填写《气象探测资料清单》、《气象探测站(点)的地点列表》、《气象探测元数据文档及历史沿革文档》、《气象探测资料说明文档》与《如需协议汇交,应提供协议文档》。经过业务管理部门批复后,与信息中心数据管理服务科进行业务对接。数据到达指定资源池后,信息中心数据管理服务科的填写上述表格,实现数据共享服务。

已经汇交的数据由信息中心数据管理服务科进行。

3.3.3.5.2　数据归档

(1)风廓线雷达数据由嘉定区气象局、金山区气象局、松江区气象局、奉贤区气象局,上海海洋气象台与信息中心探测设备运行保障科进行数据刻盘后交付信息中心信息档案科。

(2)刻录光盘应由专人负责,并使用指定的设备。

3.3.3.5.3　验收确认

刻录光盘后应进行确认有无损坏,确认无误后签字。如果数据损坏,重新进行光盘收集与刻录工作

3.3.3.5.4　记录备案

(1)刻录完成后的光盘应保存在指定区域。

(2)新增的光盘应记录在案。

3.3.3.6　记录表单

(1)《气象探测资料汇交清单》SHQXJ-QF-OP0303-01

(2)《气象探测站(点)列表》SHQXJ-QF-OP0303-02

(3)《气象探测资料元数据文件》SHQXJ-QF-OP0303-03

(4)《气象站(点)历史沿革文档》SHQXJ-QF-OP0303-04

(5)《气象探测资料说明文档》SHQXJ-QF-OP0303-05

(6)《气象探测资料汇交协议》SHQXJ-QF-OP0303-06

(7)《气象探测资料汇交凭证》SHQXJ-QF-OP0303-07

(8)《()光盘归档记录》SHQXJ-QF-OP0303-08

3.3.3.7　过程绩效的监视

(1)观测与预报处、应急与减灾处每季度对数据及产品的共享情况、汇交的上传率和及时率,数据和产品的可用率和访问量,以及用户投诉情况等指标进行考核通报。信息中心负责对上述考核指标的技术统计,业务单位负责对所用数据及产品进行评价,每月 10 日前业务单位负责将相关情况报送观测与预报处和应急与减灾处。观测、预报、预警、服务类数据及产品按照类别不同,由局观测与预报处、应急与减灾处分别制定考核细则。

(2)风廓线雷达数据归档完成率

3.3.3.8　过程中的风险和机遇的控制(表 3.11)

表 3.11　过程中的风险和机遇的控制

风险	应对措施	执行时间	负责人	监视方法
存储介质失效	建立业务规范专人保存、保管,建立存储单	每月	信息中心信息档案科	监督检查

3.3.3.9　相关/支持性文件

详见《上海市气象观测业务质量体系发文合集 2006—2018》。

3.3.3.10　附录

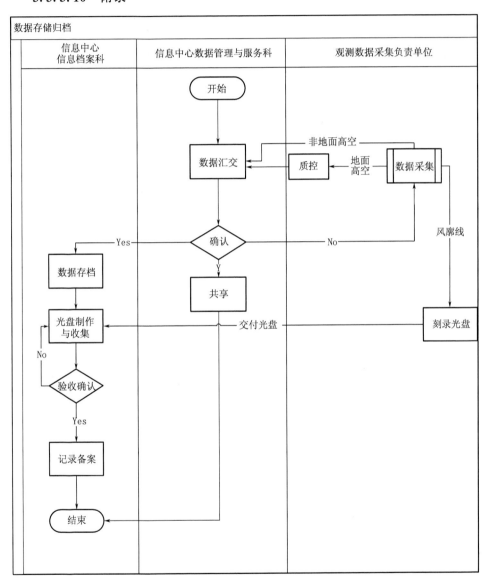

气象探测资料汇交清单

编号：SHQXJ-QF-OP0303-01

序号	资料种类	资料名称	要素内容	空间属性		时间属性		资料量（MB）	资料文件数	更新频率	数据来源	备注
				范围	分辨率	范围	分辨率					

注：(1)资料种类包括地面气象、高空气象、气象辐射、海洋气象、农业与生态气象、大气成分、雷达气象、卫星气象、气象灾害、科学实验和考察、气象台站历史沿革、其他等。

(2)要素内容表示仪器观测的大气和下垫面状态的物理量。

(3)空间范围为观(探)资料的行政区划或经纬度范围；空间分辨率为站点观测资料的站点数或卫星探测资料的空间分辨率。

(4)时间范围为观(探)资料的起止时间，表示为 $YYYY_1MM_1DD_1-YYYY_2MM_2DD_2$，$YYYY$、$MM$、$DD$ 分标表示年份、月份、日期；时间分辨率为观(探)测资料的时间频率，表示为小时、定时、日、月、年等。

(5)资料量(MB)、资料文件数表示所汇交资料的数据量和数据文件个数，其中数据文件数不包括数据说明文档等文件个数。

(6)更新频率包括：每小时、每日、每月、每季、每半年、每年、不定期等。

(7)数据来源：表示获取数据的来源，例如：自建气象站、船舶观测、飞机观测、微型观测设备等。

(8)备注：有关资料的其他属性特征描述，例如卫星资料，可填写卫星名称、卫星类型(极轨、静止)、卫星产品级别(L1、L2、L3)等描述。

气象探测站(点)列表

编号:SHQXJ-QF-OP0303-02

省份	地市	县区	站名	站号	纬度(度分)	经度(度分)	海拔高度(米)

注:(1)该模板适用于站点观测资料。

　　(2)省份、地市、县区表示气象探测站(点)地理位置所在的省份、地市和县区。

　　(3)站名、站号表示气象探测部门为气象探测站(点)设置的名称和编号。

　　(4)纬度、经度表示气象探测站(点)的地理位置,南北纬分别用数学符号"−"、"＋"表示,"＋"填写时省略,"度"、"分"分别占两位字符"度"、"分"位数不足高位补"0",如:−3002 表示南纬 30 度 02 分;东西经分别用数学符号"＋"、"−"表示,"＋"填写时省略,"度"占三位字符,"分"占两位字符"度"、"分"位数不足高位补"0",如:09746 表示东经 97 度 46 分。

　　(5)海拔高度以米为单位,精确 1 位小数,如 31.3 米。

气象探测资料元数据文件

编号:SHQXJ-QF-OP0303-03

汇交资料标识信息		
资料名称	[汇交资料的名称]	
资料版本	[汇交资料的版本,例如 V1.0,V2.0]	
资料摘要	[资料的简要说明]	
资料来源	[资料的来源]	
资料质量	[对资料质量的总体评价,包括处理过程,质量状况描述等]	
资料分类	[见附录 1 的注(1)]	
更新频率	[对汇交资料进行修改、补充或追加的频率]	
关键词	学科分类关键词	[见附录 1:资料分类及代码表]
	地理范围关键词	[资料的地理范围,参照附表 1:区域名称]
	层次关键词	[对于高空观测等涉及高空垂直位置的资料应描述]
空间分辨率	[站点观测的站点数或卫星探测的空间分辨率]	
参考系	[资料使用的时间或空间参考系统]	
时间标识	汇交时间	[YYYYMMDD]
	制作类型	[原始观测、加工产品]
共享限制说明	[可共享的范围]	
资料制作方	资料负责人	
	资料负责单位	
	资料负责人职务	
	资料负责人角色	

	电话	
	传真	
	所在国家	
联系信息	所在城市	
	详细地址	
	邮政编码	
	E-mail	

元数据实体信息		
元数据标识符	[MD_数据代码,数据代码定义参加气象行业标准《气象资料分类与编码》(QX/T 102—2009)]	
元数据语言	[汉语、英语等]	
元数据字符集	[简体汉字、英语等]	
元数据制作日期	[YYYYMMDD]	
元数据标准	[采用的元数据格式标准]	
元数据标准版本	[采用的元数据格式标准的版本]	
	数据负责人	
元数据负责方	数据负责单位	
	数据负责人职务	
	数据负责人角色	
	电话	
	传真	
	所在国家	
联系信息	所在城市	
	详细地址	
	邮政编码	
	E-mail	

气象站(点)历史沿革文档

编号:SHQXJ-QF-OP0303-04

区站号/省(自治区、直辖市)名/站名/建站时间/撤站时间

01/开始年月日/终止年月日/台站名称

02/开始年月日/终止年月日/区站号

03/开始年月日/终止年月日/台站级别

04/开始年月日/终止年月日/所属机构

05[55]/开始年月日/终止年月日/纬度/经度/观测场海拔高度/地址/地理环境/距原址距离;方向

06/开始年月日/终止年月日/方位/障碍物名称/仰角/宽度角/距离

07[77]/开始年月日/终止年月日/增[减]要素名称

08/开始年月日/终止年月日/要素名称/仪器设备名称/仪器距地或平台高度/平台距观测场地面高度

09/开始年月日/终止年月日/观测时制

10/开始年月日/终止年月日/观测项目/观测时次/观测时间

11/开始年月日/终止年月日/夜间守班情况

12/开始年月日/终止年月日/事项说明

13/图像文件名/图像文字说明

14/开始年月日/终止年月日/观测记录载体说明

15开始年月日/终止年月日/观测规范名称及范本/颁发机构

19/沿革数据来源

20/文件编报人员/审核人员/编报日期=

注:(1)该模板适用于站点观测数据。

(2)填写说明:

1)首行信息填写:区站号最多10个字符;省(自治区、直辖市)简称,最多10个字符,站名简称最多20个字符;建站时间为开始观测的年月日,撤站时间为终止观测的年月日,时间格式为 YYYYMMDD,YYYY、MM、DD 分标表示年份、月份、日期,若月份、日期高位不足,高位补"0",未终止观测的台站,撤站时间为 99999999。

2)01:台站名称:记录气象探测部门定义的台站名称变动情况,台站名称最多20个字符;开始年月日、终止年月日格式为 YYYYMMDD,月份、日期高位不足,高位补"0",如果年份、月份、日期不明,用"88"表示,1行记录表示1次变动情况,若有多次变动,可填写多行记录。

3)02:区站号:记录气象探测部门定义的台站编号变动情况,填写规则同2)。

4)03:台站级别:记录气象探测部门定义的台站类型变动情况,例如背景站、试验站等类型,最多10个字符,填写规则同2)。

5)04:所属机构:记录气象探测所属的政府机构变动情况,填写规则同2)。

6)05[55]:台站位置:记录气象探测台站地理位置的变动情况,其中05表示台站观测场位置发生变动;55表示经纬度、海拔高度因测量方法等改变或地名、地理环境变动,但台站观测场位置并无变动;南北纬分别用数学符号"-"、"+"表示,"+"填写时省略,"度"、"分"分别占两位字符"度"、"分"位数不足高位补"0",如:-3002表示南纬30度02分;东西经用数学符号"+"、"-"表示,"+"填写时省略,"度"占三位字符,"分"占两位字符"度"、"分"位数不足高位补"0",如:09746E表示东经97度46分;海拔高度:以米为单位,精确1位小数;地址为台站所在地行政地名(少于50字符);地理环境包括"市区"、"郊外"、"集镇"、"市区"、"山顶"、"山区"、"平原"、"森林"、"海岛"、"海滨"、"湖泊(水库)"、"高原"、"沙漠"、"草原"、"沼泽"、"荒地"、"冰川"等,若处于2个及以上环境,并列编报,";"分隔,如"市区;山顶",最多20个字符;距原址距离方向:距离以米为单位,5个字符表示,高位不足补0,方向按照16方位用大写字母表示,最多三个字符,距离和方向用;分隔;若位置无变动,距离和方向表示为"00000;000";其他填写规则同2)。

7)06:台站周围障碍物:记录气象探测台站周围障碍物的变动情况,方位按照16方位用大写字母表示,最多三个字符;障碍物名称分为"建筑物"、"树木"、"山体"、"其他"4类,最多6个字符;仰角、宽度角:以度为单位,2位字符,高位不足补0;距离为台站周围障碍物距离观测场中心点的距离,以米为单位,5个字符表示,高位不足补0;其他填写规则同2)。

8)07[77]:观测要素:记录观测要素名称的变动情况,其中07表示观测要素增加;77表示观测要素减少;观测要素最多20个字符,其他填写规则同2)。

9)08:观测仪器:记录气象探测仪器的变动情况,仪器设备名称:包括仪器设备名称、规格型号、生产国别或厂家,最多60个字符;仪器距地或平台高度、平台距观测场地面高度以米为单位,5个字符表示,高位不足补0;无观测平台的要素,编报"-";其他填写规则同2)。

10)09:观测时制:记录观测要素的观测时制的变动情况,包括世界时、北京时、地方时,最多10个字符;其他填写规则同2)。

11)10:观测时间:记录某观测要素观测时间的变动情况,观测要素最多10个字符,观测次数:指每日定时观测的次数,自动观测台站,编报为"自动",人工观测台站,编报为观测次数,最多4个字符;观测时间:若连续观测,编报为"自动观测";若每小时观测,编报为"逐时观测",正点定时观测,编报为各时次(02;08;14;20),非正点观测,编报为各具体观测时间(06:30;09:30;12:30;15:30),时次间用";"分隔,最多72个字符;其他填写规则同2)。

12)11:守班情况:记录夜间是否守班的变动情况,按照"守班"、"不守班"填写,最多6个字符,其他填写规则同2)。

13)12:其他变动事项:记录气象探测站观测任务、站址迁移、台站中断观测等事项的变动情况,最多60个字符,其他填写规则同2)。

14)13:图像文件:记录有关气象探测台站环境、仪器等图像文件情况,图像文件名按照图像生成时间YYYYMMDD.JPG(PNG/TIF)命名,最多15个字符;图像文字说明包括图像主体、地点等的描述,最多60个字符。

15)14:观测记录:记录观测形成的记录簿、记录报表、数据文件等记录载体的变动情况,记录载体情况说明最多60个字符,其他填写规则同2)。

16)15:观测规范:记录观测参照的观测规程、指南等的变动情况,最多60个字符,颁发机构最多30个字符,其他填写规则同2)。

17)16-18:若有其他需要说明台站观测情况的变动,可占用16-18项目标识码。

18)19:沿革数据来源,记录沿革数据文件信息的出处和依据,最多60个字符。

19)20:文件编报人员,记录沿革数据文件编写人员、审核人员、编写时间,编报人员、审核人员最多18个字符,编写时间为YYYYMMDD,月份、日期高位不足,高位补"0"。

气象探测资料说明文档

编号：SHQXJ-QF-OP0303-05

汇交资料信息			
资料名称	[汇交资料的名称]		
资料版本	[汇交资料的版本，例如 V1.0，V2.0]		
汇交资料来源			
[资料来源]			
汇交资料实体			
资料实体内容	实体文件名称	[资料文件命名]	
	实体文件内容	[资料文件资料内容]	
	特征值说明	[对特征值表示方式的说明，格式为特征值　要素　含义]	
资料存储信息	存储格式和读取	[描述资料存储格式]	
	存储目录结构	[资料存放目录结构及每个目录存放的文件内容]	
	资料总量	[资料总量说明]	
时间属性	时间范围	起始时间	[YYYYMMDD]
		终止时间	[YYYYMMDD]
	时间分辨率	[观（探）测资料的时间频率，表示为小时、日、月、年等]	
空间属性	地理范围	地面范围描述	[某行政区划、经纬度范围]
		最西经度	[XXX.X，西经时为负值]
		最东经度	[XXX.X，西经时为负值]
		最北纬度	[XX.X，南纬时为负值]
		最南纬度	[XX.X，南纬时为负值]
	台站信息描述	[站点观测资料应有站点信息文件]	
	空间分辨率	[站点观测的站点数或卫星探测的空间分辨率]	
	垂直范围	垂向最低	[对于高空观测等涉及高空垂直位置的资料应描述]
		垂向最高	[对于高空观测等涉及高空垂直位置的资料应描述]
		垂向度量单位	[对于高空观测等涉及高空垂直位置的资料应描述]
		垂向基准名称	[对于高空观测等涉及高空垂直位置的资料应描述]
	投影方式	[涉及投影方式的资料应描述投影方式]	

观测仪器		[描述观测仪器的变更情况,包括观测仪器及起止时间,雷达资料的标定参数需要标出]
资料处理方法		[描述资料处理方法,包括统计方法、特殊处理和其他需要说明的问题]
资料质量	质量控制方法	[质量控制方法的描述]
	质量状况描述	[对资料质量的总体评价]
资料完整性		[描述资料缺测情况,对缺失资料进行说明]
汇交资料处理引用文献		
资料制作方及技术支持		
资料负责人		
资料负责单位		
文档编撰者		
文档编撰单位		
技术支持	单位	
	电话	
	传真	
	电子邮箱	
	邮政编码	
	单位地址	
其他说明		
[资料使用过程中需要注意的问题等其他需要说明的问题]		

气象探测资料汇交协议

编号:SHQXJ-QF-OP0303-06

根据《中华人民共和国气象法》、《涉外气象探测和资料管理办法》和《气象信息服务管理办法》的有关法律法规、部门规章,为促进气象探测资料共享共用,提高气象探测资料使用效率,XX 气象主管机构直属的气象信息业务单位(以下简称甲方)与 YY 单位或个人(以下简称乙方),经协商,签订气象探测资料汇交协议如下:

第一条 乙方应按照《气象探测资料汇交管理办法》规定,向国务院气象主管机构或者省、自治区、直辖市气象主管机构汇交所获得的气象探测资料及相关说明文件。

第二条 乙方应保障汇交资料完整可靠，文档完整齐全，符合气象探测资料生产及汇交的相关技术标准和规范。

第三条 乙方应及时更新汇交资料的变动信息。

第四条 乙方应明确汇交资料的附加使用条件。

第五条 甲乙双方应协商确定汇交资料的传输方式。

第六条 甲方依据国务院气象主管机构的资料政策和技术规定，组织对汇交的气象探测资料进行分类、整理和存储，面向行业和社会，提供气象探测资料共享使用服务，注明资料来源，并遵守知识产权相关的法规及资料汇交时所附加的使用条件。

第七条 甲方在乙方汇交气象探测资料时无附加使用条件的、不违反相关法律法规、部门规章的情况下，以公开共享方式提供使用。

第八条 甲方承诺对乙方汇交的涉密气象探测资料，严格遵照《中华人民共和国保守国家秘密法》关于保密制度的要求保管和使用。

第九条 甲乙双方中的任何一方，由于不可抗力的原因不能正常履行协议，需要延期履行、部分履行或者不履行合同时，应及时向对方通报，并说明理由、递交有效的证明文件。

第十条 本协议自 XXXX 年 XX 月 XX 日生效。本协议一式两份，甲乙双方各持一份。

甲　　方：XX 气象主管机构直属的气象信息业务单位

法定代表：

电　　话：

地　　址：

乙　　方：YY 单位或个人

法定代表：

电　　话：

地　　址：

协议签订日期：XXXX 年 XX 月 XX 日

气象探测资料汇交凭证

编号：SHQXJ-QF-OP0303-07

<table>
<tr><td rowspan="4">汇交
单位
信息</td><td>单位名称</td><td colspan="4"></td></tr>
<tr><td>通信地址</td><td></td><td>邮政编码</td><td colspan="2"></td></tr>
<tr><td>汇交人</td><td></td><td>证件及号码</td><td colspan="2"></td></tr>
<tr><td>联系电话</td><td colspan="2"></td><td>Email</td><td></td></tr>
<tr><td>汇交
方式</td><td colspan="5">□实时传输　□光盘　□移动硬盘　□纸质　□其他：＿＿＿＿＿＿</td></tr>
<tr><td rowspan="9">汇交
资料
清单</td><td>序号</td><td>资料名称</td><td>要素</td><td>空间属性
（范围、分辨率）</td><td>时间属性
（范围、分辨率）</td><td>资料量（MB）</td></tr>
<tr><td></td><td></td><td></td><td></td><td></td><td></td></tr>
<tr><td></td><td></td><td></td><td></td><td></td><td></td></tr>
<tr><td></td><td></td><td></td><td></td><td></td><td></td></tr>
<tr><td></td><td></td><td></td><td></td><td></td><td></td></tr>
<tr><td></td><td></td><td></td><td></td><td></td><td></td></tr>
<tr><td></td><td></td><td></td><td></td><td></td><td></td></tr>
<tr><td></td><td></td><td></td><td></td><td></td><td></td></tr>
<tr><td colspan="6">可附页</td></tr>
<tr><td>汇交
单位
意见</td><td colspan="6">汇交单位负责人（签字）：　　　　　　　年　　月　　日（单位盖章）</td></tr>
<tr><td rowspan="3">接收
单位
信息</td><td>单位名称</td><td colspan="5"></td></tr>
<tr><td>通信地址</td><td></td><td>邮政编码</td><td colspan="2"></td></tr>
<tr><td>接收人</td><td></td><td>联系电话</td><td colspan="2"></td></tr>
<tr><td>接收
单位
意见</td><td colspan="6">

接收单位负责人（签字）：　　　　　　　年　　月　　日（单位盖章）</td></tr>
</table>

注：本证是汇交人履行汇交义务的证明，也是汇交人维护合法权益的凭证，请妥善保管。
　　本表由汇交部门填写，一式两份。汇交部门、接收部门各执一份。

(　　)光盘归档记录

编号：SHQXJ-QF-OP0303-08

序号	资料日期	文件/文件夹数目	大小	归档人归档时间	备注

3.3.4　观测数据省级运控管理程序

3.3.4.1　目的

通过制定明确的工作规范和要求,对于日常气象业务数据传输系统的运行监控及保障等工作进行控制和管理,以规避或消除相应的风险,达成预期的目标,并推进整个数据管理过程实现预期的结果。

3.3.4.2　范围

本程序适用于上海市气象局气象观测系统的数据管理过程中对于气象业务数据传输的运行监控及保障的管理。

3.3.4.3　术语

维保服务外供方:提供系统设备的供应商厂家或专业的维保服务商。

3.3.4.4　职责

(1)上海市气象局信息中心下属的信息运行监控科

是日常气象业务数据传输运行监控和保障工作的主责部门;下设运行监控岗和运行保障岗。

运行监控岗:负责对气象业务数据传输系统设备和系统数据传输状态的即时监控与汇报;

运行保障岗:负责判断和排除气象业务数据传输系统的故障、恢复系统正常运行并报告相关责任领导;负责对气象业务数据传输提供日常维护以保障系统的正常运行。

(2)上海市气象局观测与预报处

为观测系统的业务管理部门,负责对气象综合观测进行监督管理和指导。

3.3.4.5　工作程序

3.3.4.5.1　系统运行监控

(1)运行监控岗人员根据《信息监控科值班手册》等相关文件的要求,监控数据资料和设备的运行状况,并将相关事件记录在《值班记录表》上;

(2)对于外部门在使用各种数据资料和设备中发现的情况反馈均由运行监控岗负责受理,并将相关情况记录在《值班记录表》上;

(3)当数据资料出现异常或设备状况告警时,由运行监控岗人员判断是否出现故障,如是则即刻把相应情况报送运行保障岗人员,并在《值班记录表》上记录故障

类型和故障出现时间;

(4)运行保障岗人员接收到故障信息之后,首先应对故障类型进行判断,如果是影响到核心业务系统的故障则需立即启动应急备份系统;

(5)其次,运行保障岗人员应判断该故障是否可自行解决。对于可以自行解决的故障,运行保障岗人员自行处理并在《值班记录表》上记录解决故障的过程;

(6)对于不能自行解决的故障,运行保障岗人员应立即向值班领导报告,获得批准后请求维保服务外供方提供远程电话指导或上门支持服务以解决故障。对于维保服务外供方的选择参照"外供方管理过程"及《外供方管理程序》;

(7)对于因硬件、软件或系统的重大问题导致不能马上解决的故障,运行保障岗人员应请求延时处理,并与维保服务外供方确定后续支援服务的具体时间;

(8)对于维保服务外供方所提供的支持服务,运行保障岗人员应在《值班记录表》上记录其处理过程,并根据《外供方管理程序》对其服务绩效表现做出评价;

(9)故障排除后,运行保障岗人员应恢复系统的正常运行,并反馈给运行监控岗人员继续纳入运行监控;同时运行保障岗人员应针对所发生的故障进行分析总结,并形成《系统故障分析报告》,作为经验和知识的存储和分享;

(10)运行保障岗人员每月月底应对当月所发生的所有故障与问题进行汇总分析,形成《(每月)故障统计分析》,以识别是否存在系统性问题及是否有必要形成防止再发的纠正措施。

3.3.4.5.2 系统日常保障

(1)运行保障岗人员根据《上海市气象局信息中心机房管理制度》、《机房巡检制度》等相关文件的要求,每天对机房及系统进行日常的巡检和管理,并将巡检的结果记录在《信息中心机房巡检表》上;

(2)运行保障岗人员每月月底对机房各个系统的整体性能进行全面检查,并汇总检查的结果形成《机房巡检报告》;

(3)运行保障岗人员每月负责编制《信息中心系统维保计划》,委托维保服务外供方实施并监督其落实;对于维保服务外供方的选择参照"外供方管理过程"及《外供方管理程序》;

(4)对于维保服务外供方所提供的维保及维修服务,运行保障岗人员应收集及确认其《服务报告》,并予以归档保存,并根据《外供方管理程序》对其服务绩效表现做出评价;

(5)运行保障岗人员每月月底应对当月历次维保过程中出现的问题或事项应进行汇总分析,并记录于《(每月)故障统计分析》中,必要时采取防止再发的纠正措施。

3.3.4.6　记录表单

(1)《值班记录表》SHQXJ-QF-OP0304-01

(2)《信息中心系统维保计划》SHQXJ-QF-OP0304-02

(3)《信息中心机房巡检表》SHQXJ-QF-OP0304-03

(4)《机房巡检报告》SHQXJ-QF-OP0304-04

(5)《系统故障分析报告》SHQXJ-QF-OP0304-05

(6)《(每月)故障统计分析》SHQXJ-QF-OP0304-06

(7)《服务报告》(外包方)SHQXJ-QF-OP0304-07

3.3.4.7　过程绩效的监视

系统可用性 98% 以上

3.3.4.8　过程中的风险和机遇的控制(表 3.12)

表 3.12　过程中的风险和机遇的控制

风险	应对措施	执行时间	负责人	监视方法
反复发生同类故障	填写系统分析故障报告,分析问题产生根本原因并予以解决,工作经验定期储存和分享交流	每年	观测预报处	定期组织交流分享

3.3.4.9　相关/支持性文件

详见《上海市气象观测业务质量体系发文合集 2006—2018》。

3.3.4.10 附录

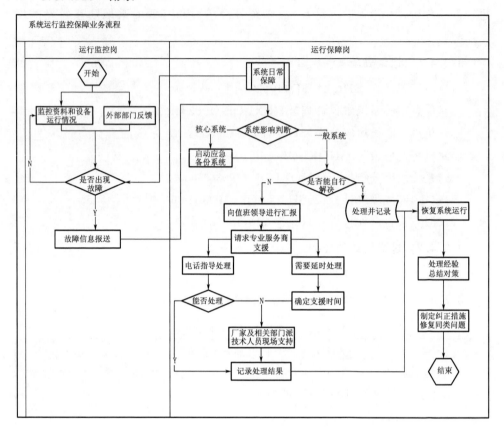

值班记录表

年　　月　　日

编号：SHQXJ-QF-OP0304-01

班次	白班(8:00-16:00)	
值班人		
值班内容记录		
时间	内容	处理情况

(每月)故障统计分析

年　月

编号:SHQXJ-QF-OP0304-06

序号	名称	
1	UPS 负载率(%)	
2	用电量统计(度)	总用电量、电费统计
		机房 PUE
		每天用电量统计
		机柜用电量统计
3	机房空调运行率	
4	温、湿度统计	机房平均温度曲线
		机房温度最高值
		机房平均湿度曲线
5	维护统计及分析	
6	故障情况及分析	机房故障统计
		故障统计分析

系统故障分析报告

编号：SHQXJ-QF-OP0304-05

第 1 部分 （故障名称）						
第 2 部分	开始时间		结束时间		报告人：	
	客户名称：					
	通信地址：					
第 3 部分	报告编号：			故障处理单位：		

项目	故障描述
1	

项目	故障分析
2	

项目	故障处理
3	

项目	处理建议
4	

项目	总结与建议
5	

备注：如需图片说明的请备注附件。

信息中心机房巡检表

编号：SHQXJ-QF-OP0304-04

时间	日期：				值班员：					
	新大楼一楼机房		新大楼三楼机房		1#风冷冷水机		2#风冷冷水机		压力	
	UPS	高性能计算机	服务器机房	通信机房	回水温度	供水温度	回水温度	供水温度	压力1	压力2
早										
晚										
早										
晚										
早										
晚										
早										
晚										
早										
晚										

3.3.5 元数据管理程序

3.3.5.1 目的

通过规范化流程和要求，对观测系统的元数据变更进行控制与管理。

3.3.5.2 范围

适用于上海市气象局管辖的国、省两级考核的所有观测设备类型的元数据。

3.3.5.3 术语

中国气象局：中国气象局元数据管理业务部门。

3.3.5.4 职责

(1)省级业务部门

负责管辖内观测系统的元数据变更需求收集和业务系统介入,省级负责省级管辖内的方案策划,组织落实,编制数据集。

(2)区局/事业单位台站

负责变更需求收集,元数据变更的申请,方案策划,组织落实,编制数据集。

(3)观测与预报处

负责元数据变更的审批,对国家级考核设备进行报批。

3.3.5.5　工作程序

(1)需求汇总

需求来源:外部环境发生变化时进行迁站、建站、撤站。系统大修与探测环境变更等要素变化时产生的元数据要素变更。

中国气象局通过 Notes 下发的元数据变更。

各单位年度提交的变更的考核站点。

(2)制定方案

各区局或事业单位所属台站制定元数据管理方案并填入《元数据变更申请单》上报观测预报处。

建站元数据管理方案应按照《元数据集编制要求》执行,确定设备等级划分和责任归属。

迁站元数据管理方案应考虑:迁站的原因分析、责任归属、设备等级划分、新址落实情况、周期计划。

撤站元数据管理方案应考虑:撤站的原因分析、责任归属、设备等级划分、装备处置、周期计划。

(3)方案的审批

方案经过观测与预报处进行审批。

审批不通过应退回方案提请方,在经过沟通与材料补齐后再次提交方案。

(4)文件审批提交

省级管理部门确认是否要提交中国气象局审批,对于非中国气象局考核设备通过 Notes 直接下发审批文件。

上报中国气象局的文件经过中国气象局业务单位审批后下发省级管理部门。

(5)组织实施

迁站、撤站按照方案内容实施。

迁站、撤站应当留有相关记录文件。

年度考核站点任务留有文件记录。

(6)编制元数据集

编制元数据集按照相关管理规定执行,满足业务系统要求。

数据集由国家及省级业务系统管理部门负责审核确认。

元数据集应进行备案。

(7)业务系统接入

业务系统相关负责人将元数据集输入系统中。

数据集导入业务系统的结果由运行监控部门进行核查,核查结果数据状态异常时应当重新编制元数据集。

业务系统相关负责人应将状态异常的描述发送省级业务部门/区县台站后重新编制数据集。

(8)数据上传和反馈

系统接入后数据自行上传至中国气象局。

中国气象局确认无误后数据集进行备案、归档。

3.3.5.6 记录表单

(1)《元数据变更申请单》SHQXJ-QF-OP0305-01

(2)《国家级地面站元数据登记表》SHQXJ-QF-OP0305-02

(3)《海洋观测设备元数据登记表》SHQXJ-QF-OP0305-03

(4)《其他设备元数据登记表》SHQXJ-QF-OP0305-04

3.3.5.7 过程绩效的监视

(1)元数据变更上报及时率

(2)元数据正确率

3.3.5.8 过程中的风险和机遇的控制(表3.13)

表3.13 过程中的风险和机遇的控制

风险	应对措施	执行时间	负责人	监视方法
元数据正确性以及变更及时性	制定规定并对变更结果通报	月/季	观测预报处	绩效考核的反馈结果以及质量例会通报

3.3.5.9 相关/支持性文件

详见《上海市气象观测业务质量体系发文合集2006—2018》。

3.3.5.10　附录

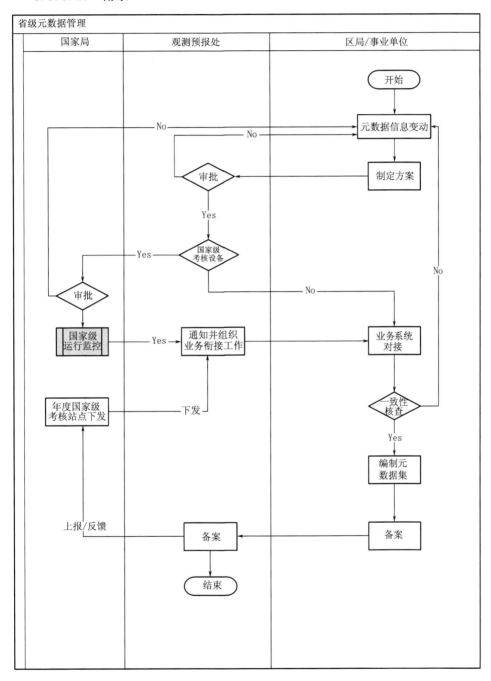

元数据变更申请单

编号:SHQXJ-QF-OP0305-01

时间:	
申请单位	
申请人:	
元数据变更站点	站点:　　　　　　　　　站号:
站点考核等级	国家级考核　□省局考核　□不考核
元数据变更原因	□新建 □迁建 □撤销 □系统更换 □其他原因,原因如下:
批复意见:	
备注:	详细填写附件

3.4　观测装备保障

表 3.14　上海市气象局观测装备类型、台站部门与省级部门对照表

观测装备类型	台站负责部门	省级负责部门
天气雷达	探测设备运行保障科	上海市气象信息与技术支持中心
国家级自动站	各区气象局、上海中心气象台、上海海洋气象台	上海市气象信息与技术支持中心
区域自动站	各区气象局、上海海洋气象台 仪器开发与检定科	上海市气象信息与技术支持中心
风廓线雷达	嘉定区气象局、金山区气象局、奉贤区气象局、松江区气象局、上海海洋气象台、探测设备运行保障科	上海市气象信息与技术支持中心
GNSS/MET	——	上海市气象科学研究所
大气成分	长三角环境气象预报预警中心　监测分析科	长三角环境气象预报预警中心
土壤水分站	松江区气象局	上海市气象信息与技术支持中心
探空	宝山区气象局	上海市气象信息与技术支持中心

表 3.15　观测系统与业务对照表

观测装备	台站维护	省级维护	台站维修	省级维修	台站标定	省级标定	装备报废	台站采购	省级采购
天气雷达	日、周、月维护表	年维护表	故障维修表Asom获取	故障维修表Asom获取	月定标报告	年巡检	报废记录	台站采购	省级采购
国家自动站	日、月维护	年维护表	故障维修表Asom获取	故障维修表Asom获取	——	年标定	报废记录	台站采购	省级采购
区域自动站	——	两年度维护表	故障维修表Asom获取	故障维修表Asom获取	——	两年度标定表	报废记录	——	省级采购
风廓线雷达	——	年维护表	故障维修表Asom获取	故障维修表Asom获取	——	年标定	报废记录	——	省级采购
大气成分	月维护	年维护表	故障维修表Asom获取	故障维修表Asom获取	——	年标定	报废记录	台站采购	省级采购
GNSS/MET	——	年维护表	——	故障维修表Asom获取	——	——	报废记录	——	省级采购
土壤水分	——	——	故障维修表Asom获取	故障维修表Asom获取	——	年标定	报废记录	台站采购	——
高空观测	月维护	年维护表	故障维修表Asom获取	故障维修表Asom获取	月标定	年标定	报废记录	台站采购	——

3.4.1 省级采购管理程序

3.4.1.1 目的

通过上海市气象局对综合观测装备采购的分级指导意见,依据采购的相关规定,依法依规开展合同指定与审批,保证采购各个环节可控,支持装备保障业务的开展。

3.4.1.2 范围

适用于上海市气象局管辖内所有装备的省级采购管理控制。

3.4.1.3 术语

无

3.4.1.4 职责

采购需求方(省级业务部门):负责具体采购业务的采购申请、合同签订、供方选择、付款申请、收货验收入库。

办公室(省级业务部门):负责采购申请的审批、合同评审、付款申请审批。

核算中心:负责付款的申请核准、付款实施。

3.4.1.5 工作程序

3.4.1.5.1 采购需求收集

(1)各采购需求方(省级业务部门)按照实际综合观测定期进行采购业务需求收集,收集信息应汇总并形成文件化的信息。

(2)采购需求可由科室内相关业务人员填写《采购申请单》,科室负责人进行审批后归档。

3.4.1.5.2 采购申请

(1)采购需求方(省级业务部门)将审批后的《采购申请单》可通过邮件或Notes提交办公室(省级业务部门)负责人审批。

(2)办公室(省级业务部门)负责人应确认《采购申请单》上描述的信息完整。

(3)《采购申请单》应在规定的时效内完成流转。

3.4.1.5.3 采购申请的审批

(1)当申请的采购项目金额超过 10 万元以上时,应由办公室(省级业务部门)负责人组织部门领导、办公室、采购需求负责人多方评审会议。

(2)审批通过的《采购申请单》应签字确认后通过邮件或 Notes 告知采购需求

方(省级业务部门)负责人,双方都应保留单据。

(3)审批没有通过的《采购申请单》也应签字确认后通过邮件或 Notes 回传采购需求方(省级业务部门)负责人修改后重新提交申请,变更先后的单据双方应各自保留。

(4)当采购申请项目涉及"三重一大"时,当金额低于 10 万元应由采购需求负责人将采购申请提交省级业务部门负责人审批,当金额高于 10 万元采购需求负责人应将采购申请提交本部门领导后由本部门领导召集部门领导、办公室、采购需求负责人多方评审会议。

(5)当采购申请项目不涉及"三重一大"时,在报销时,由单位负责人审核把关。超过 1000 元物品进行后续固定资产登记。

(6)通过审批的《采购申请单》签字确认后回传至采购需求负责人,没有通过的《采购申请单》签字确认后回传采购需求负责人,采购申请单据应予以保留。

3.4.1.5.4　供应商的选择

(1)采购需求方(省级业务部门)收到审批通过的《采购申请表》后应按照外供方管理程序进行供应商的选择。

(2)供应商的选择前应收集供应商的资质信息(当法规有要求时)并归档保存。

3.4.1.5.5　拟定采购合同

(1)采购需求方(省级业务部门)按照实际业务需求和业务管理规定拟定采购合同。

(2)拟定的采购合同应符合国家相关法律法规的要求,并获得外供方的认可。

3.4.1.5.6　合同评审

(1)拟定的采购合同应通过邮件或 Notes 发送至办公室(省级业务部门)进行合同审批。

(2)办公室(省级业务部门)应对收到的合同进行编号,按照文件管理程序流转、保存和归档。

(3)通过审批的合同应签字确认通过邮件和 Notes 回传至采购需求方(省级业务部门)并与外供方签订合同并在本地归档、保留。

3.4.1.5.7　合同的执行

(1)采购需求方(省级业务部门)按照合同协议执行,适当时应编制采购计划。

(2)采购需求方(省级业务部门)相关业务人员应当追踪物料的采购进展,如有特殊情况应及时向采购需求方(省级业务部门)负责人或领导汇报。

3.4.1.5.8　预付款

(1)合同明确需要预付款的应向办公室(省级业务部门)提出申请,填写《预付款申请单》,并由相关负责人签字确认。

(2)办公室(省级业务部门)负责人确认签字后提交核算中心核准。

(3)核算中心核准无误后按照《预付款申请单》内容向外供方付款。

(4)核算中心核准未通过的《预付款申请单》应通过邮件或 Notes 注明原因告知办公室(省级业务部门)确认后再下发至各采购需求方(省级业务部门)重新提交申请。

3.4.1.5.9　收货验收

(1)采购需求方(省级业务部门)负责采购装备的收货验收,按照中国气象局及相关装备的验收准则进行确认并签发材料入库单。

(2)采购需求方(省级业务部门)采购人员凭采购材料的合法原始凭证和材料入库单向办公室(省级业务部门)提交《付款申请单》,审批通过后由核算中心核准核销相关支出,核算中心对有关原始凭证与采购合同核对一致后予以核销,并按规格、型号等登记材料明细账,付款完成后原材料入库。

(3)收货验收没有通过应由采购需求方(省级业务部门)采购人员联系外供方进行退货处置,并撰写《不合格处置报告》,描述不良的内容和处置的信息并签字确认,按照外供方管理程序要求外供方适时反馈信息和及时沟通处置并重新发货验收确认。

3.4.1.5.10　国家级采购物资入库

国家级采购物资由采购需求方(省级业务部门)材料保管人员直接安排入库。

3.4.1.6　记录表单

(1)《省级采购申请单》SHQXJ-QF-OP0401-01

(2)《省级预付款申请单》SHQXJ-QF-OP0401-02

(3)《省级付款申请单》SHQXJ-QF-OP0401-03

(4)《省级不合格处置报告》SHQXJ-QF-OP0401-04

3.4.1.7　过程绩效的监视

采购完成及时率

3.4.1.8　过程中的风险和机遇的控制(表 3.16)

表 3.16　过程中的风险和机遇的控制

风险	应对措施	执行时间	负责人	监视方法
采购执行进度	编制采购计划,按照时间节点,控制采购周期。	每月	采购需求方	采购周期内按照采购计划执行

3.4.1.9　相关/支持性文件

详见《上海市气象观测业务质量体系发文合集 2006—2018》。

3.4.1.10　附录

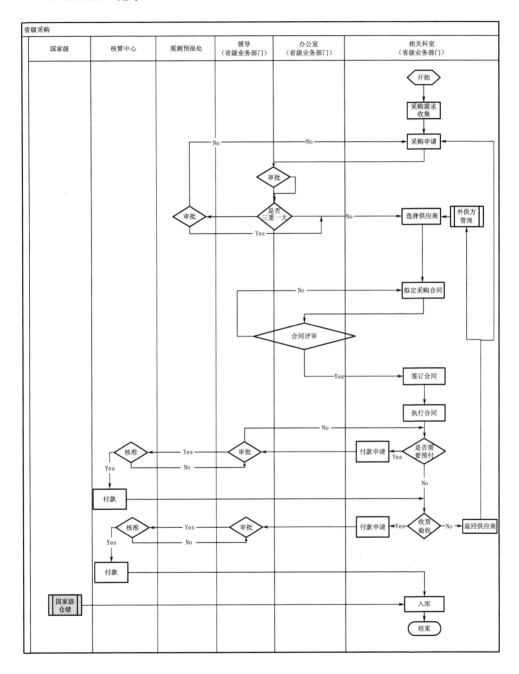

3.4.2　台站采购管理程序

3.4.2.1　目的

通过对综合观测台站装备采购业务的规范规定,保证外供方能够提供满足业务规定要求的产品和服务,以满足台站观测装备保障业务的开展。

3.4.2.2　范围

适用于上海市气象局管辖内所有装备的台站采购管理控制。

3.4.2.3　术语

无

3.4.2.4　职责

采购需求方(省级业务部门):负责具体采购业务的采购申请、合同签订、供方选择、付款申请、收货验收入库。

办公室(省级业务部门):负责采购申请的审批、合同评审、付款申请审批。

核算中心:负责付款的申请核准、付款实施。

3.4.2.5　工作程序

3.4.2.5.1　采购需求收集

(1)各采购需求方(台站级业务部门)按照实际综合观测定期进行采购业务需求收集,收集信息应汇总并形成文件化的信息。

(2)采购需求可由科室内相关业务人员填写《采购申请表》,科室负责人进行审批后归档。

3.4.2.5.2　采购申请

(1)采购需求方(台站业务部门)将审批后的《采购申请单》可通过邮件或Notes提交办公室(台站业务部门)负责人审批。

(2)办公室(台站业务部门)负责人应确认《采购申请单》上描述的信息完整。

(3)《采购申请单》应在规定的时效内完成流转。

3.4.2.5.3　采购申请的审批

(1)当申请的采购项目金额超过 10 万元以上时,应由办公室(台站业务部门)负责人组织部门领导、办公室、采购需求负责人多方评审会议。

(2)审批通过的《采购申请单》应签字确认后通过邮件或 Notes 告知采购需求方负责人,双方都应保留单据。

(3)审批没有通过的《采购申请单》也应签字确认后通过邮件或 Notes 回传采购需求方(台站业务部门)负责人修改后重新提交申请,变更前后的单据双方应各自保留。

(4)当采购申请项目涉及"三重一大"时,当金额低于 10 万元应由采购需求负责人将采购申请提交至办公室负责人审批,当金额高于 10 万元采购需求负责人应将采购申请提交本单位领导后由本单位领导召集本单位领导、办公室、采购需求负责人多方评审会议。

(5)当采购申请项目不涉及"三重一大"时,在报销时,由单位负责人审核把关。超过 1000 元物品进行后续固定资产登记。

(6)通过审批的《采购申请单》签字确认后回传至采购需求负责人,没有通过的《采购申请单》签字确认后回传采购需求负责人,采购申请单据应予以保留。

3.4.2.5.4　供应商的选择

(1)采购需求方(台站业务部门)收到审批通过的《采购申请单》后应按照外供方管理程序进行供应商的选择。

(2)供应商的选择前应收集供应商的资质信息(当法规有要求时)并归档保存。

3.4.2.5.5　拟定采购合同

(1)采购需求方(台站业务部门)按照实际业务需求和业务管理规定拟定采购合同。合同中应明确甲、乙双方的履行责任,业务管理中的技术要求、流程、标准等。

(2)拟定的采购合同应符合国家相关法律法规的要求,并获得外供方的认可。

3.4.2.5.6　合同评审

(1)拟定的采购合同应通过邮件或 Notes 发送至办公室(台站业务部门)进行合同审批。

(2)办公室(台站业务部门)应对收到的合同进行编号,按照文件管理程序流转、保存和归档。

(3)通过审批的合同应签字确认通过邮件和 Notes 回传至采购需求方(台站业务部门)并与外供方签订合同并在本地归档、保留。

3.4.2.5.7　合同的执行

(1)采购需求方(台站业务部门)按照合同协议执行,适当时应编制采购计划。

(2)采购需求方(台站业务部门)相关业务人员应当追踪物料的采购进展,如有特殊情况应及时向采购需求方(台站业务部门)负责人或领导汇报。

3.4.2.5.8　预付款

(1)合同明确需要预付款的应向办公室(台站业务部门)提出申请,填写《预付款申请单》,并由相关负责人签字确认。

(2)办公室(台站业务部门)负责人确认签字后提交核算中心核准。

(3)核算中心核准无误后按照《预付款申请单》内容向外供方付款。

(4)核算中心核准未通过的《预付款申请单》应通过邮件或 Notes 注明原因告知办公室(台站业务部门)确认后再下发至各采购需求方(台站业务部门)重新提交申请。

3.4.2.5.9　收货验收

(1)采购需求方(台站业务部门)负责采购装备的收货验收,按照中国气象局及相关装备的验收准则进行确认并签发材料入库单。

(2)采购需求方(台站业务部门)采购人员凭采购材料的合法原始凭证和材料入库单向办公室(台站业务部门)提交《付款申请单》,审批通过后由核算中心核准核销相关支出,核算中心对有关原始凭证与采购合同核对一致后予以核销,并按规格、型号等登记材料明细账,付款完成后原材料入库。

(3)收货验收没有通过应由采购需求方(台站业务部门)采购人员联系外供方进行退货处置,并在《不合格处置单》上描述不良的内容和处置的信息并签字确认,按照外供方管理程序要求外供方适时反馈信息和及时沟通处置并重新发货验收确认。

3.4.2.6　记录表单

(1)《台站采购申请单》SHQXJ-QF-OP0402-01

(2)《台站预付款申请单》SHQXJ-QF-OP0402-02

(3)《台站付款申请单》SHQXJ-QF-OP0402-03

(4)《台站不合格处置单》SHQXJ-QF-OP0402-04

3.4.2.7　过程绩效的监视

采购完成及时率

3.4.2.8　过程中的风险和机遇的控制(表 3.17)

表 3.17　过程中的风险和机遇的控制

风险	应对措施	执行时间	负责人	监视方法
采购执行进度	编制采购计划,按照时间节点,控制采购周期。	每月	采购需求方	采购周期内按照采购计划执行

3.4.2.9　相关/支持性文件

详见《上海市气象观测业务质量体系发文合集 2006—2018》。

3.4.2.10 附录

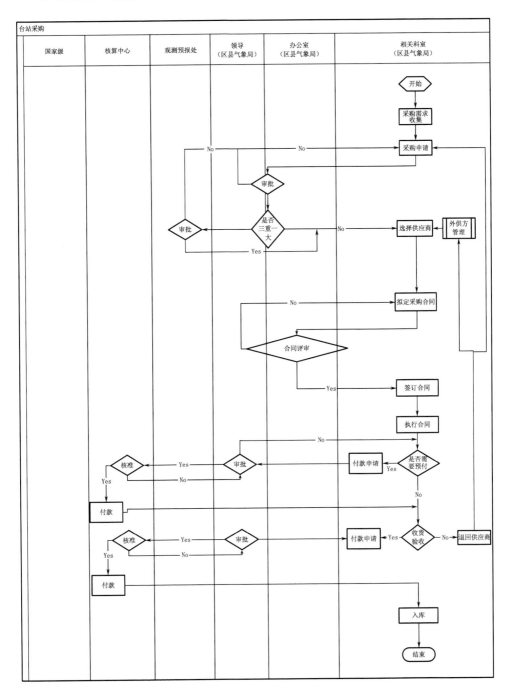

3.4.3 省级维护管理程序

(1)目的

通过综合观测装备保障维护的规范规定,开展综合观测的维护任务,确保上海市气象局管辖内的装备的正常运行。

(2)范围

适用于上海市气象局管辖内所有装备的省级维护内容管理控制。

(3)术语

执行部门:主要承担省级维护过程的具体实施工作的部门。

省级业务部门:省级维护过程中提供业务监督、技术支持的部门。

省级管理部门:负责整个省级维护过程管理责任归口部门。

(4)职责

各部门、单位负责观测装备的类型应按照表 3.18 进行省级维护作业。

表 3.18　数据来源与部门职责对照表

观测系统	执行部门	省级业务部门	省级管理部门
天气雷达	信息中心探测设备运行保障科	信息中心	观测预报处
风廓线雷达	信息中心探测设备运行保障科,嘉定、松江、奉贤、金山区气象局、上海海洋气象台		
国家自动站	各区气象局、上海中心气象台、上海海洋气象台		
区域自动站	各区气象局、上海海洋气象台、信息中心仪器开发与检定科		
大气成分	长三角环境气象预报预警中心	长三角环境气象预报预警中心	
探空	宝山区气象局	宝山区气象局	
自动土壤水分观测站	松江区气象局	松江区气象局	
酸雨	宝山区气象局、浦东新区气象局	宝山、浦东区气象局	

(5)工作程序

1)需求汇总

各执行部门按照中国气象局下发的规范要求对所管辖的装备维护进行维护,主要为周期性维护与探测环境保护。其中周期性维护为年维护,探测环境保护为台站级探测环境月报触发的省级探测环境保护流程。维护需求需充分考虑站点建设、站点迁建撤以及上一年度省级维护的分析结果作为本年度需求参考项。

2）制定方案

各执行部门在制定方案前，应调阅相关需求信息和技术资料，适当时应当查阅以往相关的信息。

各执行部门在制定方案主要关注维护的时间节点、需要准备的仪器仪表，需要配备的资源如车辆、人员，是否需要外供方如厂家的或外部技术资源的支持。重点识别上一年度维护存在的风险与问题，作为本年度的维护重点。编制《××××年度维护方案上报表》。

必要时，各执行部门应当寻求各省级业务部门及外供方进行研讨，如涉及技术机密应当签署相关的保密协议后共同制定方案。

维护方案可通过 Notes 进行流转。

3）方案的审批

各执行部门经过本部门领导同意后，上报省级管理部门审批的方案方可实施。省级管理部门可通过 Notes 通知相关单位。

需要外供方支持的方案应当在审批前提供给外供方管理人员确认，各执行部门得到反馈确认后方可进行流转。

审批没有通过的方案通过各执行部门与省级业务部门沟通后重新制定方案。

4）组织实施

各执行部门实施方案前应当确认相关技术要求、文件、计划内容是否完整。

省级业务部门应当给予各执行部门必要的技术支持，必要时，省级业务部门到现场参与维护。

5）报告核查

省级业务部门按照各装备类型的维护规范对各执行部门提交的报告进行核查，确认所有项目没有遗漏，规格、参数符合相关技术标准。

对于没有提交报告的执行部门，省级业务部门应及时进行反馈和做好记录。

6）评估

省级业务部门在报告评估时应考虑探测环境问题和设备故障异常。如果维护异常，进入省级维修管理程序；如果是探测环境异常，进入探测环境保护管理程序。解决问题后汇总编制《年维护报告》。

维护报告应归档、编号。

7）报告的提交

省级业务部门判断报告是否提交中国气象局，不需要提交的报告本地备案。

需要提交中国气象局的报告由省级管理部门提交。

（6）记录表单

①《××××年度维护方案上报表》SHQXJ-QF-OP0403-01

②《年维护报告》SHQXJ-QF-OP0403-02

（7）过程绩效的监视

① 保障业务能力（表单填报及时率）

② 数据传输及时性

③ 仪器装备运行稳定性

④ 探测环境保护

（8）过程中的风险和机遇的控制（表3.19）

表3.19　过程中的风险和机遇的控制

风险	应对措施	执行时间	负责人	监视方法
维护内容缺失	制定方案后经过审批后方可实施，加强检查。	每次	省级业务部门	方案通过 Notes 流转和审批

（9）相关/支持性文件

详见《上海市气象观测业务质量体系发文合集2006—2018》。

（10）附录

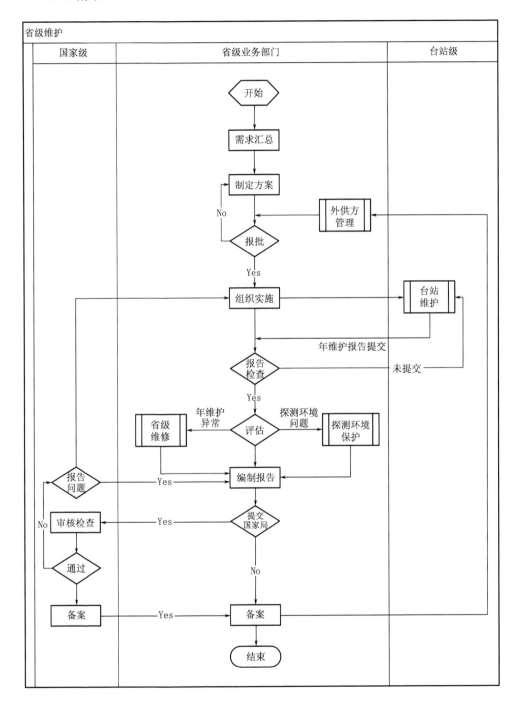

××××年度维护方案上报表

文件编号：SHQXJ-QF-OP0403-01

上报单位			
上报人		联系电话	
以下方案本单位领导已获悉	是□ 否□		
维护系统类型：			
上一年度维护中的风险与问题			
系统考核级别	国家级考核□ 省级考核□		
计划维护时间： 计划停机时间：			
影响范围：	单位内部用户： 单位外部用户：		
需要厂家或外部技术支持：	全部委托□ 合作开展□		
参加人员：			
需要的资源：	车辆： 人员：		
需要准备的仪器：			
是否需要备件：			
备注			

3.4.3.1　省级周期性维护作业指导

(1)目的

通过综合观测装备保障维护的规范规定,开展综合观测的维护任务,确保上海市气象局管辖内的装备的正常运行。

(2)范围

适用于上海市气象局管辖内所有装备的省级维护内容管理控制。

(3)术语

执行部门:主要承担省级维护过程的具体实施工作的部门。

省级业务部门:省级维护过程中提供业务监督、技术支持的部门。

省级管理部门:负责整个省级维护过程管理责任归口部门。

(4)职责

各部门应按照下表中对应的装备类型进行省级周期性维护保护作业(表 3.20)。

表 3.20　装备类型与部门对应表

观测系统	执行部门	省级业务部门	省级管理部门
天气雷达	信息中心探测设备运行保障科	信息中心	观测预报处
风廓线雷达	信息中心探测设备运行保障科,嘉定、松江、奉贤、金山区气象局、上海海洋气象台		
国家自动站	各区气象局、上海中心气象台、上海海洋气象台		
区域自动站	各区气象局、上海海洋气象台、信息中心仪器开发与检定科		
大气成分	长三角环境气象预报预警中心	长三角环境气象预报预警中心	
探空	宝山区气象局	宝山区气象局	
自动土壤水分观测站	松江区气象局	松江区气象局	
酸雨	宝山区气象局、浦东新区气象局	宝山、浦东区气象局	

(5)工作程序

1)需求汇总

各执行部门按照中国气象局下发的规范要求对所管辖的装备维护进行维护。维护需求需充分考虑站点建设、站点迁建撤以及上一年度周期性维护的分析结果作为本年度需求参考项。

2)制定方案

各执行部门在制定方案时主要关注维护的时间节点、需要准备的仪器仪表,需要配备的资源如车辆、人员,是否需要外供方如厂家的或外部技术资源的支持。重点识别上一年度维护存在的风险与问题,作为本年度的维护重点。编制《×××年度维护上报表》。

必要时,各执行部门应当寻求省级业务部门及外供方进行研讨,如涉及技术机密应当签署相关的保密协议后共同制定方案,维护方案可通过 Notes 进行流转,审批。

3)方案的审批

各执行部门经过本单位领导同意后,上报省级业务部门审批的方案方可实施。由省级管理部门通过 Notes 通知相关单位。

需要外供方支持的方案应当在审批前提供给外供方管理人员确认,各执行部门得到反馈确认后方可进行流转,审批。审批没有通过应当退回,各执行部门沟通问题后重新进行制定方案。

4)组织实施

各执行部门实施方案前应当确认相关技术要求、文件、计划内容是否完整。

省级业务部门应当给予维护必要的技术支持,必要时,省级业务部门到现场参与维护。

5)报告核查

省级业务部门按照各装备类型的维护规范对实施部门提交的报告进行核查,确认所有项目没有遗漏,规格、参数符合相关技术标准。

没有提交报告的执行部门,省级业务部门应及时进行反馈和做好记录。

6)评估

各执行部门的报告评估应考虑探测环境问题和设备故障异常。如果维护异常进入省级维修管理程序。

维护报告应由各执行部门进行归档。

7)报告的提交

省级业务部门应判断报告是否要提交中国气象局,不需要提交的报告在本地备案。需要提交中国气象局的报告应由省级管理部门进行提交。

(6)记录表单

《×××年度维护上报表》SHQXJ-QF-OP0403-01

(7)过程绩效的监视

保障业务能力(表单填报及时率)

(8)过程中的风险和机遇的控制(表 3.21)

表 3.21　过程中的风险和机遇的控制

风险	应对措施	执行时间	负责人	监视方法
维护内容缺失	制定方案后经过审批后方可实施,并组织检查	每次	省级业务部门	方案通过 Notes 流转和审批

（9）相关/支持性文件

同上级文件

（10）附录

省级周期性维护

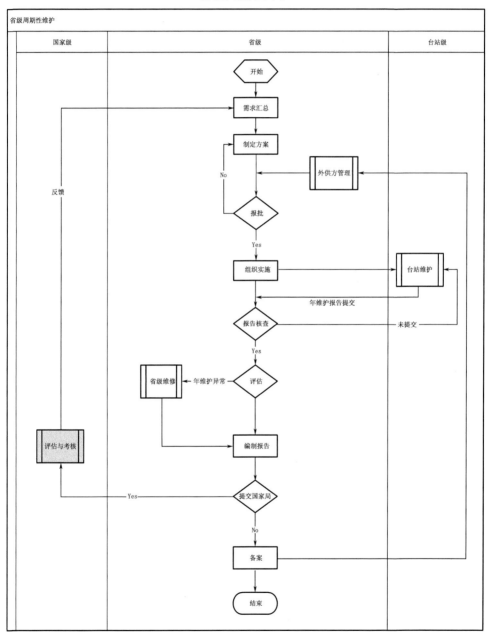

××××年度维护/标定方案上报表

文件编号:SHQXJ-QF-OP0403-01

上报单位			
上报人		联系电话	
以下方案本单位领导已获悉	是□ 否□		
维护系统类型:			
上一年度维护中的风险与问题			
系统考核级别	国家级考核□ 省级考核□		
计划维护时间: 计划停机时间:			
影响范围:	单位内部用户: 单位外部用户:		
需要厂家或外部技术支持:	全部委托□ 合作开展□		
参加人员:			
需要的资源:	车辆: 人员:		
需要准备的仪器:			
是否需要备件:			
备注			

3.4.3.2　探测环境保护作业指导

（1）目的

通过观测系统探测环境保护的规范规定，开展观测系统的探测环境保护任务，确保上海市气象局管辖内的装备及相关业务得以正常运行。

（2）范围

适用于上海市气象局管辖内所有装备的探测环境保护内容管理控制。

（3）术语

执行部门：主要承担省级维护过程的具体实施工作的部门。

省级业务部门：省级维护过程中提供业务监督、技术支持的部门。

省级管理部门：负责整个省级维护过程管理责任归口部门。

（4）职责

各部门应按照下表中对应的装备类型进行省级探测环境保护作业（表3.22）。

表 3.22　数据来源与部门职责对照表

观测系统	执行部门	省级业务部门	省级管理部门
天气雷达	信息中心探测设备运行保障科	信息中心	观测预报处
风廓线雷达	信息中心探测设备运行保障科，嘉定、松江、奉贤、金山区气象局、上海海洋气象台		
国家自动站	各区气象局、上海中心气象台、上海海洋气象台		
区域自动站	各区气象局、上海海洋气象台、信息中心仪器开发与检定科		
大气成分	长三角环境气象预报预警中心	长三角环境气象预报预警中心	
探空	宝山区气象局	宝山区气象局	
自动土壤水分观测站	松江区气象局	松江区气象局	
酸雨	宝山区气象局、浦东新区气象局	宝山、浦东区气象局	

（5）工作程序

1）需求汇总

各执行部门按照国家局下发的规范要求和探测环境月报信息内容对所管辖的装备工作环境进行探测环境排查。

通过站点建设、迁建撤过程后，各执行部门对于维护清单应当定期更新与维护。

各执行部门需充分考虑上一年度省级探测环境保护的分析结果,作为本年度需求参考项。

2)组织评估

在评估前,省级业务部门应调阅相关需求信息和技术资料,适当时应当查阅以往相关的信息。必要时,各执行部门应当组织外供方进行研讨,如涉及技术机密应当签署相关的保密协议后共同制定方案,评估结果应形成文件化的信息,省级业务部门进行确认,按规定时间内完成确认。

3)技术评估

省级业务部门评估后应将评估内容发送至省级管理部门进行技术评估,省级管理部门可通过技术专家及技术骨干的协助共同完成。

4)组织实施

省级管理部门根据评估的内容判断是否需要提交法规处处理,不需提交法规处处理的评估文件需发送执行部门,并由执行部门保存探测环境月报。

需要提交法规处的评估文件应告知和配合法规处行政执法工作。

法规处负责与内外部相关部门协调解决探测环境的应对方案,必要时应组织专家会议共同进行对应。

5)备案

由法规处协调解决的探测环境保护的对应方案应在本地保存归档并发送和通知省级管理部门后将文件保存归档。

省级管理部门将探测环境保护相应的文件反馈至各执行部门。

(6)记录表单

技术评估评审意见或方案

(7)过程绩效的监视

探测环境上报及时性

(8)过程中的风险和机遇的控制(表 3.23)

表 3.23　过程中的风险和机遇的控制

风险	应对措施	执行时间	负责人	监视方法
探测环境获取信息不充分	省级管理统筹协调后进行技术评估充分识别环境变化导致的风险	每月	省级管理部门	会议评估

(9)相关/支持性文件

详见《上海市气象观测业务质量体系发文合集 2006—2018》。

（10）附录

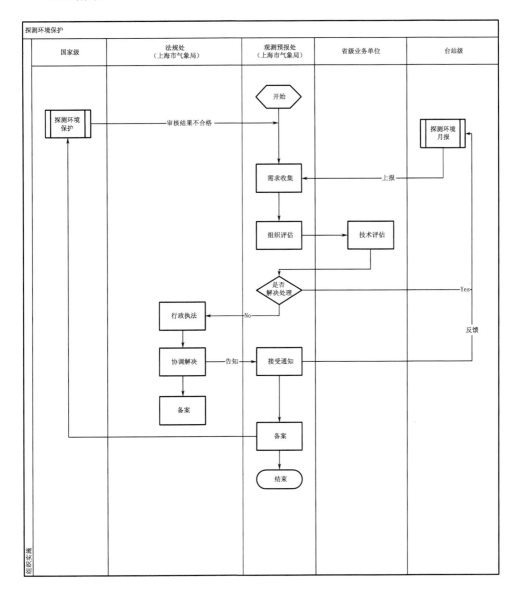

3.4.4 台站维护管理程序

（1）目的

通过综合观测台站装备保障维护的规范规定,开展台站综合观测的维护任务,确保上海市气象局区县台站管辖内的装备的正常运行。

（2）范围

适用于上海市气象局区县台站管辖内所有装备的台站维护内容管理控制。

（3）术语

执行部门：主要承担省级维护过程的具体实施工作的部门。

省级业务部门：省级维护过程中提供业务监督、技术支持的部门。

省级管理部门：负责整个省级维护过程管理责任归口部门。

（4）职责

下表中各装备类型的台站维护业务适用于本程序文件，各部门、单位负责观测装备的类型应按照表3.24进行台站维护作业。

表3.24　数据来源与部门职责对照表

观测系统	执行部门	省级业务部门	省级管理部门
天气雷达	信息中心探测设备运行保障科	信息中心	观测预报处
国家自动站	各区气象局、上海中心气象台、上海海洋气象台		
大气成分	长三角环境气象预报预警中心	长三角环境气象预报预警中心	
探空	宝山区气象局	宝山区气象局	

（5）工作程序

1）维护任务分类

各执行部门按照中国气象局、上海市气象局下发的维护业务规范、规程及法律法规要求对所管辖的装备进行分类，主要包含规范规定的周期性维护和探测环境月报。

各执行部门应当识别相关方的需求及技术规范要求，定期维护、整理，保留必要的技术图纸和技术标准，维护需求需充分考虑上一年度省级维护的分析结果，作为本年度需求参考项。

2）维护任务提交

执行部门按照各装备类型规范要求对需要上报中国气象局的装备在业务系统中填写维护表。

3）组织实施

在组织实施前，执行部门应按照中国气象局规范要求准备相关资源包括技术资料等，适当时应当查阅以往相关的信息。

必要时，执行部门应当组织技术专家及外供方进行研讨，外供方选择依据外供方管理程序，如涉及技术机密应当签署相关的保密协议后共同制定方案。

在实施年维护时以省级业务部门为主，执行部门为辅；日、周、月维护由执行部门完成并填写日维护单、周维护单、月维护单，必要时寻求管理部门技术支持。

4）评估验证

执行部门应按照中国气象局规范和上海市气象局业务要求确认维护项目是否完整，对于数值参数是否满足指标要求进行确认。

省级业务部门评估验证结果出现问题时，应进行判断，当确定是探测环境问题时，执行探测环境月报管理程序。当确定不是探测环境问题时，执行台站维修程序。

5）维护报告编制与备案

年维护单填写后需要提交省级业务部门，维护人员签字。

年维护单原件应按照顺序整理后保存在本单位。

6）维护单更新

为满足国家规范要求对需要上报中国气象局的装备在业务系统中执行部门更新维护报告内容。

（6）记录表单

《综合业务值班日志》SHQXJ-QF-OP0404-01

《国家自动站月/年维护》SHQXJ-QF-OP0404-02

《高空气象探测系统值班工作日志》SHQXJ-QF-OP0404-03

《高空气象探测系统月维护记录》SHQXJ-QF-OP0404-04

《新一代天气雷达日维护记录表》SHQXJ-QF-OP0404-05

《新一代天气雷达周维护记录表》SHQXJ-QF-OP0404-06

《新一代天气雷达月维护记录表》SHQXJ-QF-OP0404-07

《大气成分观测仪器设备月维护报告书》SHQXJ-QF-OP0404-08

（7）过程绩效的监视

1）保障业务能力（表单填报及时率）

2）数据传输及时性

3）仪器装备运行稳定性

4）探测环境保护

（8）过程中的风险和机遇的控制（表 3.25）

表 3.25　过程中的风险和机遇的控制

风险	应对措施	执行时间	负责人	监视方法
业务规范、业务流程不健全，不满足业务发展需要	建立业务规范、流程的更新制度，根据业务发展需要适时调整	每年	省级业务部门	专家评审

(9)相关/支持性文件

详见《上海市气象观测业务质量体系发文合集 2006—2018》。

(10)附录

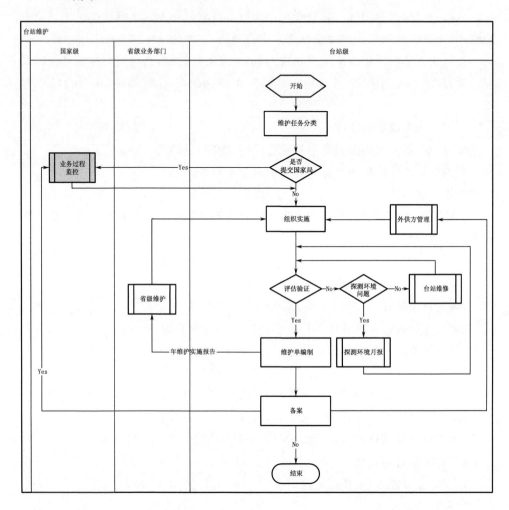

上海区级气象台(站)综合业务记录流程

每日事项：			
时间	项目	内容	备注
8:30—8:45	交接班	检查上一班工作记录、填写交接班日志等	
8:45—9:30	巡视检查	通过监控平台,巡视观测场及仪器设备,检查机房、值班室运行环境和观测、通信、供电系统运行状况;查看辖区内综合观测系统运行状况,及时处理异常或故障情况。	
8:30—9:30(宝山)	大气浑浊度观测	适时计算大气浑浊度。	
9:30—10:00	短临天气观测预报	完成市局一体化预报平台0～3小时短临产品制作	
10:30 前	今明天气分析	1.分析实况天气和各类数值预报和上级指导产品等 2.关注高温报告,强降雨消息,热带气旋消息、警报、紧急警报等 3.制作今明天气预报 4.根据中心台要求做好强对流会商发言准备(汛期)	
10:30—11:00	强对流会商(汛期)	参加中心台强对流天气会商	
10:50—11:05(宝山)	定时观测	通过监控平台开展异址观测,远程登录业务计算机,在ISOS-SS软件界面下录入未自动化项目的人工记录,维护、保存和上传整点数据。	
11:00 前	发布今明天气预报	1.发布今明天气预报 2.完成市局一体化预报平台0～72小时精细化预报	
11:30—12:30(宝山)	大气浑浊度观测	适时计算大气浑浊度。	
12:50—13:00	短临天气观测预报	完成市局一体化预报服务平台短临产品制作	
13:00—13:40	数据质量检查维护	检查维护9—13时整点数据质量	
13:40—14:05	定时观测	通过监控平台开展异址观测,远程登录业务计算机,在ISOS-SS软件界面下录入未自动化项目的人工记录,维护、保存和上传整点数据。	
14:30—15:30(宝山)	大气浑浊度观测	适时计算大气浑浊度。	
15:00 前	预报资料分析	1.分析最新实况资料和各类数值预报和上级指导产品 2.根据中心台要求做好15时会商发言准备	
	预报评分登记	完成预报评分登记	

时间	项目	内容	备注
15:00—15:30	上海天气预报会商	参加中心台预报会商(周一 14:30-15:00)	
15:30-16:00	预报平台产品制作	1.完成市局一体化预报平台 0-3 小时短临产品的制作 2.完成市局一体化预报平台 0-72 小时精细化预报制作 3.完成市局一体化预报平台景区旅游气象预报制作	
16:50—17:05(宝山)	定时观测	通过监控平台开展异址观测,远程登录业务计算机,在 ISOS-SS 软件界面下录入未自动化项目的人工记录,维护、保存和上传整点数据。	
17:00 前	今明天气分析	1.分析实况天气和各类数值预报和上级指导产品等 2.关注高温报告,强降雨消息,热带气旋消息、警报、紧急警报等 3.制作并发布今明天气预报	
日落前	巡视检查	1.通过监控平台,巡视观测场及仪器设备,检查机房、值班室运行环境和观测、通信、供电系统运行状况 2.录入 ASOM 日维护记录,填写日常巡视记录表	
18:50—19:00	短临天气观测预报	完成市局一体化预报平台 0～3 小时短临产品制作	
日落后	换日照纸	更换日照纸、整理日照资料(自动化后取消该项)	
19:00—19:40	数据质量检查维护	检查维护 15—19 时整点数据质量	
19:40—20:05	定时观测	通过监控平台开展异址观测,远程登录业务计算机,在 ISOS-SS 软件界面下录入未自动化项目的人工记录,维护、保存和上传整点数据。	
20:05—20:30	日资料整理备份	1.整理制作日照(自动化后取消)和日数据资料 2.观测数据备份	
20:30	酸雨采样	酸雨采样(放置酸雨桶)	
	第二天		
日出前	日照计巡视	通过监控平台,检查人工日照筒(自动化后该项取消)和自动日照计运行状况,做好清洁维护	
日出后(宝山)	辐射仪器巡视	完成辐射观测设备巡查及日常清洁维护,包括清洁辐射仪器感应面上露水、霜等凝结物	

续表

时间	项目	内容	备注
6:00 前	今明天气分析	1. 分析实况天气和各类数值预报和上级指导产品等 2. 关注高温报告,强降雨消息,热带气旋消息、警报、紧急警报等 3. 制作并发布今明天气预报	
6:30—7:00	短临天气观测预报	完成市局一体化预报平台 0—3 小时短临产品制作	
7:00—7:30	数据质量检查维护	检查夜间整点数据质量,复验日数据和日照数据(自动化后取消)	
8:00 前	预报评分登记	分析最新实况资料和各类数值预报和上级指导产品,完成预报评分登记	
7:30—8:05	定时观测	通过监控平台开展异址观测,远程登录业务计算机,在 ISOS-SS 软件界面下录入未自动化项目的人工记录,维护、保存和上传整点数据。	
8:05—8:30	早间会商	收听全国早间天气会商参加市局服务会商(汛期)	
不定期发布	预警信号	预警信号	
每周事项:			
1	日照总结	每周上传一周日照和一周服务情况总结	
每月事项:			
1	预报	(旬)月报	
2	月文件	5 日前完成月文件制作(市级业务化后取消)	
3	探测环境报表	3 日前制作报送探测环境报表和灾情月报	
4	灾情月报		
5	月维护	观测站设施维护,填写月维护表	
6	短期预报评分表	15 日前制作报送短期预报评分表	
每(半)年事项:			
1	年维护	观测设备检定和维护,填写年维护记录表	
2	历史沿革报表	台站历史沿革报表(每年四月)	
3	年文件	1 月 20 日前完成年文件制作(市级业务化后取消)	
备注:			

综合观测检查内容表

	设备名称	检查内容
1	综合平台软件	1.计算机运行状态
		2.自动站与计算机通信线路
		3.各要素瞬时值、分钟值、正点值
		4.正点数据卸载
		5.检查机器网络连接
2	采集器	1.系统供电
		2.运行有无异常
3	气压传感器	保持静压气孔口通畅
4	温湿度传感器	保护罩是否洁净
5	风向风速传感器	风杯、风向标体是否损坏或破损
6	称重式降水传感器	承水器口情况检查,储水装置是否溢出、是否积雪覆盖盛水器口。
7	翻斗式雨量传感器	承水器口情况,漏斗有无杂物堵塞
8	大型蒸发器传感器	1.蒸发桶
		2.水质
		3.水位联通器
		4.水圈内的水面
		5.检查蒸发器渗漏
		6.检查蒸发器高度、水平
9	地面温度传感器	1.是否正确放置,如方向与埋入深度等
		2.地温场有无杂草,土壤状态有无板结
10	草温传感器	1.距地高度
		2.降雪时是否放在雪面上
11	能见度传感器	遮光筒是否清洁,是否有杂物堵塞 用软布擦拭传感器透镜
12	天气现象传感器	降水物探测器镜头是否清洁
13	激光云高仪	查看窗口玻璃是否清洁,及时清洁
14	串口服务器	查看串口服务器是否正常
15	新型自动站供电系统	能见度、天气现象、日照计、气压、温湿度、串口服务器所有仪器的

综合业务值班日记

编号：SHQXJ-QF-OP0404-01

年　　月　　日　　　　　　　　　　　　　　　　值班员：

	工作任务	检查和完成情况	备注
交接班	业务软件	正常□　不正常□	见表内 1.1-1.4
	自动站状态	正常□　不正常□	见表内 2.2
	通信系统	正常□　不正常□	见表内 1.2、1.5、14
	市电及 UPS	正常□　不正常□	见表内 15
测报	气象探测环境	正常□　不正常□	
	数据质量检查	07 时□　13 时□　19 时□	见表内 1.3-1.4
	观测场巡视维护	08 时□　20 时□	见表内 2-14
	定时观测	08 时　　11 时　　14 时 17 时□　20 时□	宝山加 11 和 17 时
	日照纸更换	日落后□	
	日资料整理备份	20 时□	
	新型站运行情况	正常□　不正常□	
	区域站运行情况	07 时□　19 时□	
	台站所属其他考核设备运行情况	正常□　不正常□	
	MDOS 反馈	08 时□　14 时□　20 时□	
	ASOM 反馈	08 时□　14 时□　20 时□	
	酸雨观测及发送	08 时□	
	重要报编发	大风□　　龙卷□　　冰雹□　　雷暴□ 霾□　　　浮尘□　　雾□　　沙尘暴□	
预报	221 天气预报	06 时□　11 时□　17 时□	
	微博	06 时□　17 时□	
	手机短信	6 时 40 分□	
	0-3 小时短临产品制作	07 时□　10 时□　13 时□ 16 时□　19 时□	
	电台广播稿	08 时□　11 时□　17 时□	
	预报评分	08 时□　15 时□	
	站点精细化预报	10 时□　16 时□	
	上海景区预报	16 时□	

可视会商内容登记	
预报服务内容登记	
预警信号发布情况	
LED 屏和多媒体屏	
一体化平台	
知天气 APP	
交代事项	
备注	

国家自动站月/年维护　　　　　　　编号:SHQXJ-QF-OP0404-02

站号:		台站名称:		设备类型:	
填写时间:		值班员:		领导签字:	

月维护:

	UPS 的维护	
辅助设备检查与维护	微机和打印机的维护	
软件系统维护	处理计算机内冗余的垃圾文件	
	对计算机硬盘进行碎片整理	
自动气象站设备测试与检查	采集器	
	地温的维护	
	风传感器	
	辐射传感器	
	气压传感器	
	温湿度传感器	
	雨量传感器	
	蒸发传感器	
	能见度仪	
	天气现象仪	
	日照仪	

年维护:

	检查串扰电压			
防雷检测	检测接地电阻		检定标校	
	一级避雷器			

检查中发现的问题及处理情况:

206

高空气象探测系统值班工作日志

编号：SHQXJ-QF-OP0404-03

探测方法： 施放时间： 年 月 日 时 分 施放次数： 次

探空仪序列号			湿度片参数纸流水号			
雷达回波情况			雷达自动跟踪情况			

基测数据	T₀		R₀		相对湿度	％	毛发湿度		％	
	温度	干湿球	读数	气压	读数	hPa	要素	A1	A2	A3
		干球	℃		附温	℃	电池准备 空载	V	V	V
		湿球	℃		本站气压	hPa	负载	V	V	V

瞬间数据	温度	干湿球	读数	气压	读数	hPa	相对湿度	％
		干球	℃		附温	℃	地面风向	
		湿球	℃		本站气压	hPa	地面风速	m/s

云状		云量	/	能见度	Km	天气现象	

气球参数	气球皮重	克	总举力	克	探空终止高度	米
	平均升速	m/mim	净举力	克	测风终止高度	米

TA发报时间		更正报发报时间		探空终止原因	
其他报发报时间		其他报发报时间		测风终止原因	

本班工作概要	凡出现缺测、重放球、迟测、不合格仪器、过时报、漏发电报及其他特殊情况应注明原因
本班记录预审情况	
交接班事宜	

计算班：＿＿＿＿＿ 校对班：＿＿＿＿＿ 预审班：＿＿＿＿＿

高空气象探测系统月维护记录

编号：SHQXJ-QF-OP0404-04

维护单类型：	月维护	值班员：		记录时间：	2018-06-20
省(区)市县	上海市气象局	台站	〔58362〕宝山探空站	设备类型：	探空雷达
生产厂家	南京大桥机器有限公司	设备型号		维护级别：	台站级
维护开始时间：		维护结束时间：			
检查中发现的问题及处理情况：					
维护人员：					

	检查维护内容	检查维护结果	备注
测风雷达设备测试与检查	光、电轴一致性检查,可利用正点放球观测的机会,每月进行一次观测	□正常　□不正常	
	检查测风雷达的方位、仰角显示是否正常	□正常　□不正常	
	检查天线转动系统是否灵活	□正常　□不正常	
	检查天线座是否水平	□正常　□不正常	
	距离零点的标定,可用主波前沿的方法,每月检查不少于一次	□正常　□不正常	
	利用晴天正点放球机会,做一次与经纬仪比较观测记录或在天线瞄准镜内观测并记录误差,将记录保存起来待下次校验用	□正常　□不正常	
	天线馈线及其接插件绝缘可靠性是否符合要求	□正常　□不正常	
	天线装置水平的检查,一般情况下每月检查调整不少于一次	□正常　□不正常	
	用固定目标物回波,大致检查接收机的灵敏度	□正常　□不正常	
测风雷达设备维护	对测风雷达的各部分进行外观检查和清洁工作	□正常　□不正常	
	检查各电缆连接是否可靠,插座是否松动	□正常　□不正常	
	检查雷达的水平情况	□正常　□不正常	
	检查室外装置是否漏水,电缆是否受潮、老化等	□正常　□不正常	
	检查数据处理终端界面上测风雷达各状态、参数显示是否正常,注意室内、室外装置有无异常声音和气味等,发现问题要及时处理	□正常　□不正常	

续表

检查维护内容		检查维护结果	备注
测风雷达 设备维护	检查天线转动系统是否灵活	□正常 □不正常	
	雷达接地是否良好	□正常 □不正常	
	手动检查内控盒工作是否正常	□正常 □不正常	
	用固定有源目标物检查仰角、方位是否正常	□正常 □不正常	
辅助设备 检查	计算机查毒软件是否按时升级和进行了病毒检查	□正常 □不正常	
	检查 GTC2 型 L 波段探空数据接收机(或 701 备用接收机)是否 能正常工作	□正常 □不正常	
	检查 UPS 输入、输出电压是否正常	□正常 □不正常	
	检查基测箱是否正常	□正常 □不正常	
	检查经纬仪是否正常可用	□正常 □不正常	
	检查油机燃油、机油油位,是否能正常工作	□正常 □不正常	
辅助设备 检查与维护	UPS 的维护应每隔 2～3 月人为放电一次。而对于经常停电的 台站,应防止充电不足,造成蓄电池过度放电,影响蓄电池的使用 寿命	□正常 □不正常	
	机油检查和更换,空气滤清器检查与清洗,长时间不停电,每月至 少要试发电一次	□正常 □不正常	
	微机和打印机的维护,按随机附带的说明书维护	□正常 □不正常	
软件系统 维护	处理计算机内冗余的垃圾文件	□正常 □不正常	
	对计算机硬盘进行碎片整理	□正常 □不正常	
	检查主机和备用机的台站参数是否正确	□正常 □不正常	
数据资料 备份	数据是否整理、备份	□正常 □不正常	
	重要数据是否及时刻录光盘或存入移动硬盘	□正常 □不正常	
	重要资料(相关的文字资料进行整编和归档处理)是否制作	□正常 □不正常	

换件记录

序号	操作类型	设备名称	仪器号码	单价	来源/去向	备注
1						
2						
3						
4						
5						
6						
7						
8						

新一代天气雷达日维护记录表

编号：SHQXJ-QF-OP0404-05

站　名	上海青浦	站　号	Z9002	雷达型号	SA
日　期		值班员（接班员）		交班员	

交接班记录：

序号	检查维护内容		检查维护结果	填写说明	备注
1	各分机之间的通信链路情况			（正常√　不正常×）	
2	查看工作日志，查看雷达性能			（正常√　不正常×）	
3	发射机峰值功率			（填数值）	
4	检查机房空调及除湿系统 *	温度		（填数值） 无人值守站，检查日填写	
		湿度		（填数值） 无人值守站，检查日填写	
5	终端计算机运行情况			（正常√　不正常×）	
6	雷达系统软件运行情况			（正常√　不正常×）	
7	雷达数据采集、产品及状态信息的生成和传输软件运行情况			（正常√　不正常×）	
8	操作系统及杀毒软件运行情况			（正常√　不正常×）	
9	雷达数据存储及计算机磁盘空间满足存储要求情况			（正常√　不正常×）	
10	数据产品传输网络及通信情况			（正常√　不正常×）	
11	计算机系统时间检查			（正常√　不正常×）	
12	通过 UPS 控制面板查看 *	输入电压	（填数值）	无人值守站，检查日填写	
		输出电压	（填数值）	无人值守站，检查日填写	
		输入电流	（填数值）	无人值守站，检查日填写	
		输出电流	（填数值）	无人值守站，检查日填写	
		输出频率	（填数值）	无人值守站，检查日填写	

检查中发现的问题及处理情况：

维护人员签名：_____

备注：表中标有"＊"的维护项，无人值守站不具备每日检查条件的站不统一要求每日填写，可根据本站具体情况在检查日填写该项。

新一代天气雷达周维护记录表

编号:SHQXJ-QF-OP0404-06

雷达站名_____　　　　　　　　　　　　_____年____月____日

序号	检查维护内容		检查维护结果	填写说明	备注
1	噪声系数(dB)			(填数值)	
2	相位噪声(度)			(填数值)	
3	滤波前/后功率			(填数值)/(填数值)	
4	雷达强度/速度自动标校检查			(填数值)/(填数值)	
5	查看各分机面板的工作状态、故障指示,及时处理发现的问题	电压		分机面板电压值较多时,无法填写具体数值,应填写正常、不正常	
		电流		分机面板电流值较多时,无法填写具体数值,应填写正常、不正常	
		钛泵电源		(填数值) 电压/电流	
		灯丝电源		(填数值) 电压/电流	
6	检查天线在体扫、俯仰工作时有无异常响声,若有应立即停机处理			(完成√ 未完成×)	
7	检查维护各分机电源			(完成√ 未完成×)	
8	清洁发射、接收、监控机柜			(完成√ 未完成×)	
9	雷达机房工作环境是否清洁、干燥			(完成√ 未完成×)	
10	检查蓄电池电压,若不足要查明原因及时进行充电			(完成√ 未完成×)	
11	备份状态信息			(完成√ 未完成×)	
12	检查台站备份通信系统是否正常			(完成√ 未完成×)	

检查中发现的问题及处理情况:

维护人员签名:_____

新一代天气雷达月维护记录表

编号：SHQXJ-QF-OP0404-07

雷达站名＿＿＿＿＿＿＿＿＿＿＿　　　　　　＿＿＿＿年＿＿＿月＿＿＿日

序号	检查维护内容		检查维护结果（或数据）（完成√　未完成×）	备注
1	雷达天线空间位置精度和控制精度误差检查		AZ：　　　EL：	位置精度
			AZ：　　　EL：	空间精度
2	系统相干性检查		（填数值）	
3	机外仪表发射机功率和脉宽检查		窄：　　　宽：	功率
			窄：　　　宽：	脉宽
4	检查发射机高压部件有无异常			
5	检查并清洁俯仰箱、汇流环受潮积水、碳屑等			
6	调整汇流环接触压力，检查并更换磨损碳刷			
7	检查并清洁方位/俯仰电机碳刷，更换磨损碳刷			
8	做好各机柜内的清洁工作			
9	清除风扇、排气扇的灰尘，拆洗空调滤尘网			
10	清除各机柜进出风口、聚焦线圈进风口滤尘网上尘埃			
11	各种测试仪表通电检查是否正常			
12	自备发电机设备检查	冷却水		
		燃油		
		机油		
13	自备发电机运行检查			
14	UPS充放电维护（三个月做一次）			
15	避雷器工作情况检查			
16	对计算机内冗余的垃圾文件进行处理			
17	对计算机硬盘进行碎片整理			

问题处理情况：

维护人员签名：＿＿＿＿＿＿＿＿＿＿＿＿＿＿＿＿＿＿＿＿＿＿＿＿＿＿

大气成分观测仪器设备月维护报告书

编号:SHQXJ-QF-OP0404-08

站名			区站号			仪器名称	
开始日期	年 月 日		结束日期	年 月 日		仪器型号	
关机时间			开机时间			仪器序列号	

编号	维护内容及结果		维护人员
1	开始时间		
	结束时间		
2	开始时间		
	结束时间		
维护前后仪器设备运行对比情况			
备注:			

填写人: 审核人: (台)站长(签章):

填写说明:

大气成分观测仪器设备进行维护后,应及时完成维护报告书的填写。

维护内容及结果栏,应根据维护内容分项填写,不同维护内容应填写在不同栏内,栏目不足时可增加。当有多项维护内容时,应按维护时间顺序进行分项填写。

维护前后仪器设备运行对比情况栏,填写仪器设备维护前后一段时间内运行对比情况描述,必要时,应附能说明维护内容的相关图表和数据。

3.4.4.1 台站周期性维护作业指导

（1）目的

通过各区县台站观测系统周期性维护的规范规定,开展各区县台站的观测系统的维护任务,确保上海市气象局管辖内的装备的正常运行。

（2）范围

适用于上海市气象局管辖内所有装备的台站周期性维护内容管理控制。

（3）术语

负责部门:主要承担周期性维护过程的具体实施工作的部门。

（4）职责（表 3.26）

表 3.26 数据来源与部门职责对照表

数据类型	执行部门	省级业务部门	省级管理部门
天气雷达	信息中心探测设备运行保障科	信息中心	观测预报处
国家自动站	各区气象局、上海中心气象台、上海海洋气象台		
大气成分	长三角环境气象预报预警中心	长三角环境气象预报预警中心	
探空	宝山区气象局	宝山区气象局	

（5）工作程序

1）维护任务分类

各负责部门按照中国气象局下发的规范要求对所辖管的装备维护进行周期性维护,主要为台站周期性维护。

维护任务一般可按照年维护、半年维护、月维护、周维护、日维护进行,按照相关管理要求进行不同频次执行。

需要外供方技术支持的业务参照外供方相关管理要求进行。

2）创建维护单

按照不同的维护任务应按照规定要求创建不同的维护单。

维护表单上应填写必要的信息（人员姓名、环境情况等）。

各相关人员予以配合,按规定时间内完成。

3）实施维护

实施维护前各负责部门应当确认相关技术要求、文件内容是否完整。实施要求按照中国气象局下发的规定文件执行。

需要外供方支持的维护业务应当在审批后提供给外供方管理人员确认,得到反馈确认后方可实施。

实施维护完应当留有必要的记录和人员的签名。

4）评估分析

实施维护情况应按照类型（风廓线雷达、天气雷达、国家自动气象站）向中国气象局汇报，纳入中国气象局业务过程监控管理。

实施维护的结果应由维护实施部门进行评估，评价维护的结果，并将信息填写在《维护单》上。

《维护单》整理后应编制编号在本地固定场所保存。

评估结果如有不良情况应及时通报相关维修人员，执行台站维修程序。

5）维护报告编制

维护业务完成应当编制维护报告，依据不同的业务类型（天气雷达需分为年维护，日、周、月维护）分别编制。

维护报告应通过台站业务管理人员审批签字后传递。

6）报告备案

维护报告应编号后在本地依据相关文控管理规定备案归档。

（6）记录表单

参照上级工作项。

（7）过程绩效的监视

参照上级工作项。

（8）过程中的风险和机遇的控制（表 3.27）

表 3.27　过程中的风险和机遇的控制

风险	应对措施	执行时间	负责人	监视方法
维护未按规定要求执行	建立制度、流程，维护内容形成文件	每月	负责部门领导	维护单确认

（9）相关/支持性文件

参照上级工作项。

(10)附录

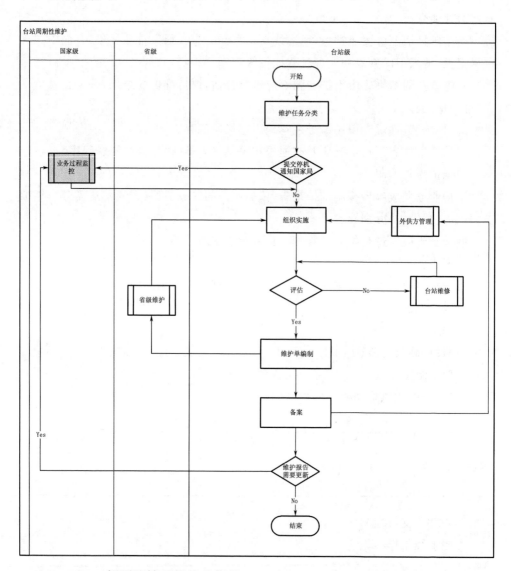

3.4.4.2 探测环境月报作业指导

(1)目的

通过观测系统台站探测环境月报的业务规范规定,开展定期对台站观测环境的管理任务,确保上海市气象局区县台站管辖内的装备的正常运行。

(2)范围

适用于上海市气象局区县台站管辖内所有装备的台站探测环境管理控制。目前,自动站进行每月例行上报,其他设备在探测环境发生变化时需要上报。

（3）术语

负责部门：主要承担探测环境月报过程的具体实施工作的部门。

（4）职责（表 3.28）

表 3.28　数据来源与部门职责对照表

数据类型	执行部门	省级业务部门	省级管理部门
天气雷达	信息中心探测设备运行保障科	信息中心	观测预报处
国家自动站	各区气象局、上海中心气象台、上海海洋气象台		
大气成分	长三角环境气象预报预警中心	长三角环境气象预报预警中心	
探空	宝山区气象局	宝山区气象局	

（5）工作程序

1）环境数据采集

各负责部门按照业务规范、规程定期收集探测环境数据,收集的信息应形成文件的信息予以保留,必要时,应由外部单位提供必要的技术支持,获取数据应再次确认。

2）数据评估

探测环境数据应与前一次记录的数据信息互相比对,存在差异的数据应进行分析和跟踪确认寻找产生差异的原因。

如果因环境变动导致的数据差异应及时上报负责部门最高管理者知晓,如果不是环境变动导致的数据差异应及时上报观测与预报处备案。

3）协调处理

各负责部门最高管理者应参与或指定专人进行探测环境变动后的对外沟通工作,协调解决并消除环境对探测环境数据的影响。必要时,应当组织技术专家及外供方进行研讨,如涉及技术机密应当签署相关的保密协议后共同制定方案。

调查的结果应形成文件化的信息,各负责部门最高管理者都应知晓。

如问题得以解决应重新对探测环境数据进行收集后再次确认,如通过沟通协调后问题仍无法解决应上报至省级业务管理部门。

4）探测环境保护

省级业务管理部门应按照国家相关管理要求对探测环境信息每月填写《探测环境月报》进行归类整理、上报、管理,必要时统筹协调与外部相关单位的技术支持、情况说明、行政申请等业务工作,通过中国气象局探测环境管理程序要求及时将因探测环境变化导致的风险影响降至最低。

（6）记录表单

《探测环境月报》SHQXJ-QF-OP040402-01

（7）过程绩效的监视

参照上级工作项。

（8）过程中的风险和机遇的控制（表 3.29）

表 3.29　过程中的风险和机遇的控制

风险	应对措施	执行时间	负责人	监视方法
探测环境改变未能及时处理	建立业务规范、流程，由省级业务部门统筹协调	每年	省级业务部门	探测环境月报

（9）相关/支持性文件

参照上级工作项。

（10）附录

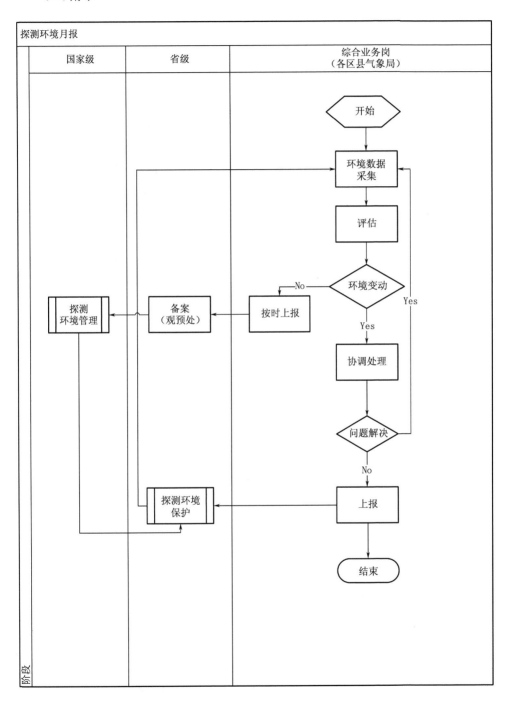

3.4.5 省级维修管理程序

(1)目的

通过制定装备维修相关管理规定和要求,确保上海市气象局管辖内的装备实现正常运行。

(2)范围

适用上海市气象局管辖内所有考核装备的省级维修管理控制。

(3)术语

执行部门:主要承担省级维护过程的具体实施工作的部门。

省级业务部门:省级维护过程中提供业务监督、技术支持的部门。

省级管理部门:负责整个省级维护过程管理责任归口部门。

(4)职责

各执行部门应按照下表中对应的装备类型职责进行省级维修作业(表3.30)。

表3.30 数据来源与部门职责对照表

观测系统	执行部门	省级业务部门	省级管理部门
天气雷达	信息中心探测设备运行保障科	信息中心	观测预报处
风廓线雷达	信息中心探测设备运行保障科,嘉定、松江、奉贤、金山区气象局、上海海洋气象台		
国家自动站	各区气象局、上海中心气象台、上海海洋气象台		
区域自动站	各区气象局、上海海洋气象台、信息中心仪器开发与检定科		
大气成分	长三角环境气象预报预警中心	长三角环境气象预报预警中心	
探空	宝山区气象局	宝山区气象局	
自动土壤水分观测站	松江区气象局	松江区气象局	
酸雨	宝山区气象局、浦东新区气象局	宝山、浦东区气象局	

(5)工作程序

1)故障信息收集

故障信息应由各执行部门进行收集和汇总并填写《故障单》,故障信息应多角度收集完整,适当时应保留相关的技术参数、视频、图片资料。

必要时,各执行部门应组织专家组赴现场进行勘探,获取并保留故障信息在《故障单》中描述完整。

2)故障分析

故障分析应由至少 2 名专业技术人员响应,编写原因分析报告。

必要时,省级业务部门应当组织技术专家及外供方进行研讨,如涉及技术机密应当签署相关的保密协议后共同分析。

故障应由省级业务部门判断是否上报中国气象局,如需要因通过邮件或 Notes 发送或业务系统,故障原因分析应形成文件化的信息。

超过一小时未解决考核系统故障报告通过 Notes 报告本单位与业务管理部门。业务管理部门通知相关单位。

3)制定方案

各执行部门在制定方案前,应调阅相关技术资料,适当时查阅以往相关维修记录。

必要时,各执行部门应当组织技术专家及外供方进行研讨,如涉及技术机密应当签署相关的保密协议后共同制定方案。

4)方案审批

省级业务部门按照各类型装备维修规范要求对维修方案进行评审,确认所有项目没有遗漏,规格、参数符合相关技术标准。

由省级业务部门退回的方案应当与各执行部门进行沟通后退回,修订后重新提交,评审后的方案信息应当整理保留。

5)备件提供

各执行部门应按照方案实施内容在系统中向仓储部门提出申请。

换下的损坏部件应做好标示和记录,各执行部门按照报废流程申请报废。

当备件由国家调拨时各执行部门应确认外观、标签、包装是否正确和完好。

6)实施维修

各执行部门维修前应通知省级业务部门知晓。

各执行部门维修时省级业务部门应当提供必要的技术支持。

维修应当留有相关的实施记录。

7)维修结果的评估

省级业务部门按照维修评估要求进行维修后的评估,确认合格后编制报告,评估人员需在评估报告上签字确认。

省级业务部门评估确认时发现方案执行不到位或有明显缺陷时应当编制评估报告告知各执行部门重新进行制定。

当天气雷达装备通过评估确认资源无法满足业务需要时,应评估后执行系统大修流程。

8)报告编制及备案

评估报告最终由省级业务部门审核通过判断是否要上传中国气象局,不需要上传的报告进行备案。

评估报告上传中国气象局核查评审后,如有问题由中国气象局下发至省级管理部门组织进行纠正,如没有问题中国气象局备案后将报告下发,由省级业务部门备案。

(6)记录表单

《故障单》SHQXJ-QF-OP0405-01

(7)过程绩效的监视

1)故障维修能力

2)保障业务能力

3)仪器装备运行稳定性

4)数据传输及时性

5)绩效目标及考评方法详见《气象综合观测质量综合考核办法》

(8)过程中的风险和机遇的控制(表3.31)

表 3.31　过程中的风险和机遇的控制

风险	应对措施	执行时间	负责人	监视方法
维修备件不足	依靠物流发展,与厂家建立战略合作,完善外供方评价服务	每年	省级管理部门	专家评审

(9)相关/支持性文件

详见《上海市气象观测业务质量体系发文合集 2006—2018》。

(10)附录

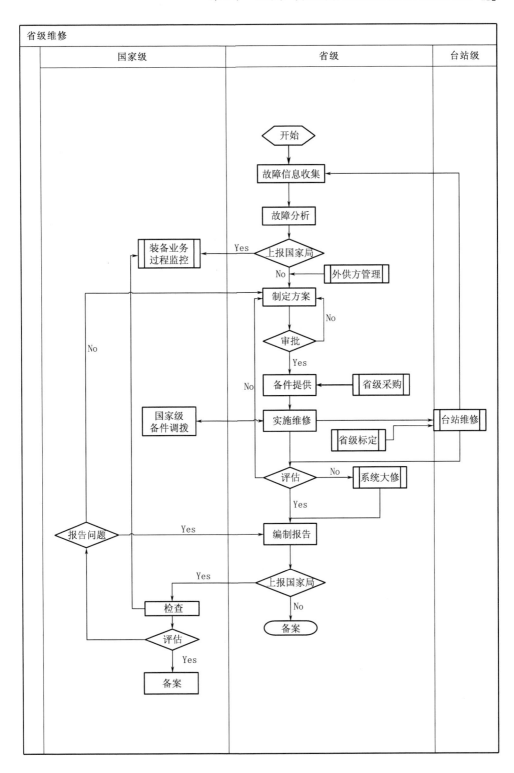

3.4.5.1 省级维修常规维修作业指导

(1)目的

通过制定常规维修相关管理规定和要求,确保上海市气象局管辖内的装备得以重新恢复正常运行。

(2)范围

适用上海市气象局管辖内所有考核装备的省级维修管理控制。

(3)术语

执行部门:主要承担省级维修常规维修过程的具体实施工作。

省级业务部门:省级维修常规维修过程中提供业务监督、技术支持的部门。

省级管理部门:省级维修常规维修整个过程的管理责任归口部门。

(4)职责

表3.32中各装备类型的省级维修业务适用于本程序文件,各执行部门应按照下表中对应的装备类型职责进行省级维修作业。

表3.32 数据来源与部门职责对照表

观测系统	执行部门	省级业务部门	省级管理部门
天气雷达	信息中心探测设备运行保障科	信息中心	观测预报处
风廓线雷达	信息中心探测设备运行保障科,嘉定、松江、奉贤、金山区气象局、上海海洋气象台		
国家自动站	各区气象局、上海中心气象台、上海海洋气象台		
区域自动站	各区气象局、上海海洋气象台、信息中心仪器开发与检定科		
大气成分	长三角环境气象预报预警中心	长三角环境气象预报预警中心	
探空	宝山区气象局	宝山区气象局	
自动土壤水分观测站	松江区气象局	松江区气象局	
酸雨	宝山区气象局、浦东新区气象局	宝山、浦东区气象局	

(5)工作程序

1)故障信息收集

各执行部门应通过业务系统、台站电话信息反馈、省级短信监控信息反馈等渠道进行故障信息收集和汇总,天气雷达、国家自动站、风廓线雷达的故障信息可以来自于台站维修。

2）故障分析

故障分析应由至少 2 名专业技术人员响应,编写原因分析报告。

必要时,省级业务部门应当组织技术专家及外供方进行研讨,如涉及技术机密应当签署相关的保密协议后共同分析。

故障应由省级业务部门判断是否上报中国气象局,如需要因通过邮件或 Notes 或业务系统发送,故障原因分析应形成文件化的信息。

超过一小时未解决考核系统故障报告通过 Notes 报告本单位与业务管理部门。业务管理部门通知相关单位。

3）制定方案

各执行部门制定方案前,应调阅相关技术资料,适当时应当查阅以往相关的维修记录。

必要时,应当请省级业务部门及外供方进行研讨,如涉及技术机密应当签署相关的保密协议后共同制定方案。

4）方案审批

省级业务部门按照各类型装备维修规范要求对维修方案进行评审,确认所有项目没有遗漏,规格、参数符合相关技术标准。

由省级业务部门退回的方案应当与各执行部门进行沟通后退回,修订后重新提交,评审后的方案信息应当整理保留。

5）备件提供

各执行部门应按照方案实施内容在系统中向仓储部门提出申请。

换下的损坏部件应做好标示和记录,各执行部门按照报废流程申请报废。

当备件由国家调拨时各执行部门应确认外观、标签、包装是否正确和完好。

6）实施维修

各执行部门维修前应通知省级业务部门知晓。

各执行部门维修时省级业务部门应当提供必要的技术支持。

维修应当留有相关的实施记录。

7）维修结果的评估

省级业务部门按照维修评估要求进行维修后的评估,必要时进行系统标定,标定不合格继续维修,确认合格后编制报告,评估人员需在评估报告上签字确认。

省级业务部门评估确认时发现方案执行不到位或有明显缺陷时应当编制评估报告告知各执行部门重新进行制定。

8）报告编制及备案

评估报告最终由省级业务部门审核通过判断是否要上传中国气象局,不需要上传的报告进行备案。

评估报告上传中国气象局核查评审后,如有问题由中国气象局下发至省级管理部门组织进行纠正,如没有问题中国气象局备案后将报告下发,由省级业务部门备案。

(6)记录表单

《故障单》SHQXJ-QF-OP0405-01

(7)过程绩效的监视

1)故障维修能力

2)保障业务能力

3)仪器装备运行稳定性

4)数据传输及时性

5)绩效目标及考评方法详见《气象综合观测质量综合考核办法》

(8)过程中的风险和机遇的控制(表3.33)

表3.33　过程中的风险和机遇的控制

风险	应对措施	执行时间	负责人	监视方法
重大故障维修备件库存	仓储购买、依靠现有物流技术与厂家的合作协议、物管处的备件储备	每次	省级业务部门	评估报告

(9)相关/支持性文件

详见《上海市气象观测业务质量体系发文合集2006—2018》。

(10)附录

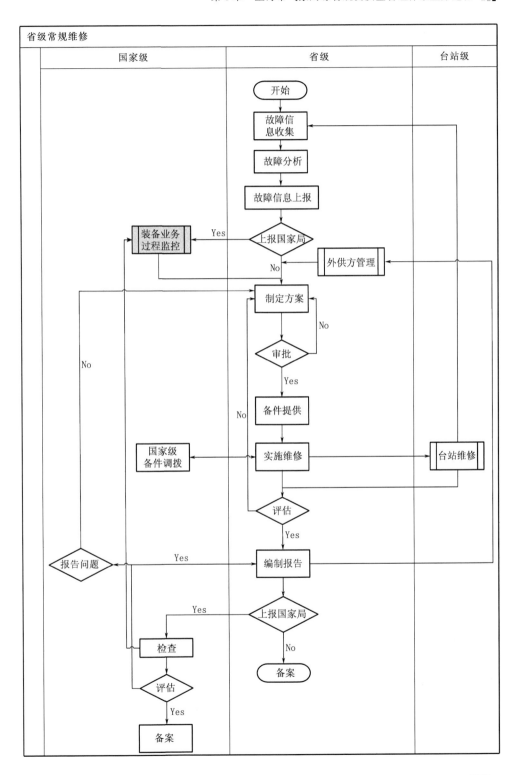

3.4.5.2 系统大修作业指导

（1）目的

通过制定系统大修相关管理规定和要求，确保上海市气象局管辖内的装备得以重新恢复正常运行。

（2）范围

适用于上海市气象局管辖天气雷达系统大修管理。

（3）术语

无

（4）职责

探测设备运行保障科：该科室负责天气雷达大修评估、方案制定、方案实施。

观测与预报处：负责方案的审批、监督。

（5）工作程序

1）评估来源

天气雷达系统大修来自中国气象局气象探测中心对雷达整体评估与部署安排，也来自上海市气象局天气雷达维修的评估。

2）沟通询问

大修涉及的时间、资金与人员，应该在撰写方案前与计财处、观预处及相关方取得充分沟通，获取方案可行的各项要素。

3）制定方案

探测设备运行保障科在编制《大修评估方案》前，应调阅相关技术资料，适当时应当查阅以往相关的维修记录，必要时，应当组织技术专家及外供方进行研讨，如涉及技术机密应当签署相关的保密协议后共同制定方案。

4）方案审批

观测与预报处按照相关规范规定要求对维修方案进行评审，确认所有项目没有遗漏，规格、参数符合相关技术标准，方案未通过评审应与探测设备运行保障科进行沟通后，修订后重新提交。

评审后的方案文件应由探测运行保障科整理保留。

5）备件提供

探测设备运行保障科应按照方案实施内容向仓储部门提交《备件申领单》或系统中申请，换下的损坏部件应做好标示和记录，当备件由国家调拨时应确认外观、标签、包装是否正确和完好。

6）实施维修

维修前探测设备运行保障科应通知观测装备使用部门知晓。

维修时观测与预报处应当提供必要的技术支持,并确保维修应当留有相关的实施记录。

7)维修结果的评估

探测设备运行保障科按照相关管理规定规范要求进行维修后的评估,确认合格后编制《参数测试表》,评估人员需在测试表上签字确认。

评估结果确认当前资源无法满足业务需要时,应编写评估报告。

8)报告编制及备案

评估报告最终由探测设备运行保障科审核通过判断是否要上传中国气象局,如不需要上传报告在本地备案。

评估报告上传中国气象局核查评审后,如有问题下发至探测装备运行保障科进行纠正,如没有问题中国气象局备案后将报告下发,由探测设备运行保障科备案。

(6)记录表单

1)《大修评估方案》SHQXJ-QF-OP040502-01

2)《参数测试表》SHQXJ-QF-OP040502-02

3)《备件申领单》SHQXJ-QF-OP040502-03

(7)过程绩效的监视

参考上级工作项

(8)过程中的风险和机遇的控制(表 3.34)

表 3.34　过程中的风险和机遇的控制

风险	应对措施	执行时间	负责人	监视方法
业务规范、业务流程不健全	建立业务规范、流程的更新制度,制定绩效目标	每年	省级业务部门	专家评审

(9)相关/支持性文件

参考上级工作项

(10)附录

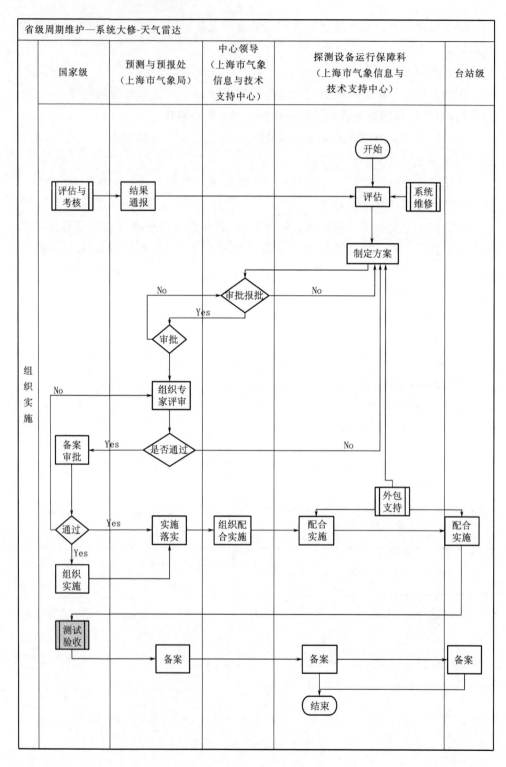

3.4.6　台站维修管理程序

3.4.6.1　目的

通过制定台站装备维修相关管理规定和要求,确保上海市气象局各事业单位、区级台站管辖内的装备得以重新恢复正常运行。

3.4.6.2　范围

适用于上海市气象局各事业单位、区级台站管辖内所有装备的日常维修管理控制。

3.4.6.3　术语

业务执行部门:负责管辖内各类型装备的维修业务实施和维修方案的制定。

省级业务部门:负责各类型装备维修方案的审批和管理。

3.4.6.4　职责

表 3.35 中各装备类型的台站维修业务适用于本程序文件,各部门应按照下表中对应的装备类型进行台站维修作业。

表 3.35　数据来源与部门职责对照表

数据类型	执行部门	省级业务部门
天气雷达	探测设备运行保障科	信息中心
风廓线雷达	探测设备运行保障科、嘉定区气象局、松江区气象局、奉贤区气象局、金山区气象局上海海洋气象台	
国家自动站	各区气象局、上海中心气象台、上海海洋气象台	
区域自动站	各区气象局、上海海洋气象台、仪器开发与检定科	
探空	宝山区气象局	宝山区气象局
土壤水分	松江区气象局	松江区气象局
酸雨	宝山区气象局、浦东新区气象局	宝山区气象局、浦东新区气象局

3.4.6.5　工作程序

(1)故障信息收集

业务执行部门应通过业务系统、省级电话信息反馈、台站短信监控信息反馈等渠道进行收集和汇总故障信息。

(2)故障信息上报

对于上海市气象局要求考核的设备故障超过半小时后信息通过 Notes 上报省

级管理部门。

对于中国气象局规范规定要求的需要上报的设备类型通过业务系统上报中国气象局。

（3）故障分析

故障原因应由至少 2 名专业技术人员分析讨论，编写原因分析报告。

故障信息应多角度分析，适当时应保留相关的技术参数、视频、图片资料。

必要时，业务执行部门应当组织技术专家及外供方进行研讨，如涉及技术机密应当签署相关的保密协议后共同分析。

确定故障原因后，适当时应进行重新验证。

执行部门技术人员无法完成维修分析时寻求省级业务部门技术支持，执行省级维修程序，省级提供的技术信息应当在台站维修报告中体现。

（4）制定方案

执行部门在制定方案前，应调阅相关技术资料，适当时应当查阅相关维修记录。

必要时，业务执行部门应当组织相关部门及外供方进行研讨，如涉及技术机密应当签署相关的保密协议后共同制定方案。

制定方案应当确定相关的资源，如：人员、车辆、使用的工具等。

（5）方案审批

执行部门负责人按照相关维修规定要求对维修方案进行评估，确认所有项目没有遗漏，规格、参数符合相关技术标准，退回的方案应当进行沟通后退回，修订后重新提交，评估后的方案和评估结果应形成文件化的信息后整理保留。

（6）备件提供

执行部门应按照方案实施内容向仓储部申请，台账收发记录应当记录完整。

换下的损坏部件应做好标示和记录，按照办公管理申请报废。

当备件由国家调拨时执行部门应确认外观、标签、包装是否正确完好方可使用。

（7）实施维修

维修超过半小时，执行部门维修前应通知省级业务部门与省级管理部门知晓。

台站维修时省级业务部门应当提供必要的技术支持。

维修应当留有相关的实施记录。

需要额外备件执行（5）和（6）或向厂家直接申请备件。

（8）维修结果的评估

按照相关业务管理规定执行部门进行维修后的评估，确认合格后编制报告，评估人员需在评估报告上签字确认。

评估确认时发现方案执行不到位或有明显缺陷时应当编制评估报告并告知业

务管理部门。

评估结果确认当前资源无法满足业务需要时,省级业务部门应编写评估报告后,执行省级维修流程。

外供方完成维修时应提供相关照片和维修记录,外供方的管理参照外供方管理程序进行。

台站维修结束技术人员应当填写《故障单》。

(9)报告编制及备案

评估报告最终由省级业务部门审核通过判断是否要上传中国气象局,如不需要上传报告应当归纳、备案。

评估报告上传中国气象局核查评审后,如有问题下发至观测预报处进行纠正管理,相关部门重新编制报告,如没有问题中国气象局备案后将报告下发,由省级业务部门本地备案。

3.4.6.6　记录表单

《故障单》SHQXJ-QF-OP0406-01

3.4.6.7　过程绩效的监视

(1)故障维修能力

(2)保障业务能力

(3)仪器装备运行稳定性

(4)数据传输及时性

(5)绩效目标及考评方法详见《气象综合观测质量综合考核办法》

3.4.6.8　过程中的风险和机遇的控制(表3.36)

表 3.36　过程中的风险和机遇的控制

风险	应对措施	执行时间	负责人	监视方法
人员能力问题导致维修问题重复发生	建立人员培训机制,通过考核后上岗	每年	省级业务部门	考核表

3.4.6.9　相关/支持性文件

详见《上海市气象观测业务质量体系发文合集 2006—2018》。

3.4.6.10 附录

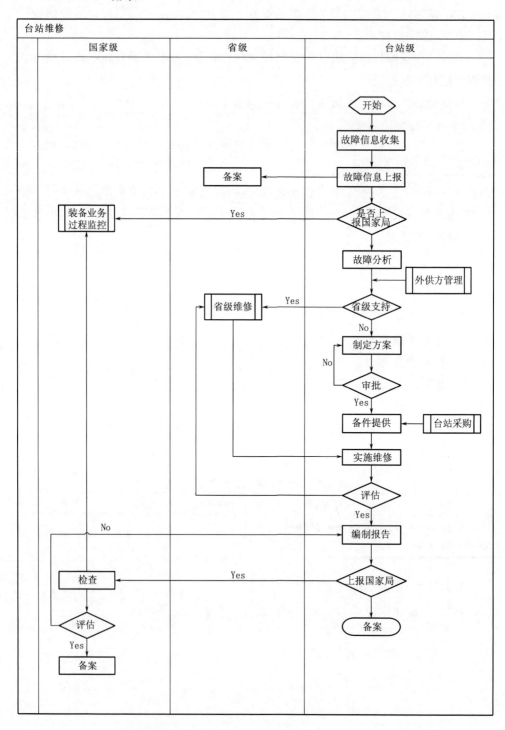

3.4.7　省级标定管理程序

3.4.7.1　目的

为满足中国气象局对标定业务受控的要求,观测数据精确性的要求,综合观测自身指标达标的要求,特制定本程序。

3.4.7.2　范围

适用于上海市气象局管辖内满足标定规范要求的装备,满足时间频次为一年一次或两年一次的要求。

3.4.7.3　术语

专项定标方案:根据重大气象服务、突发事件等专项工作要求启动的定标方案。

年定标方案:由中国气象局规范规定要求的需要省级负责标定系统所制定的方案。

3.4.7.4　职责

(1)业务实施部门

主要承担与参与省级标定过程的具体实施工作,包括信息中心探测设备运行保障科、信息中心仪器开发与检定科、各区局、上海中心气象台、上海海洋气象台、长三角环境气象预报预警中心等。

(2)省级业务部门

负责省级标定过程中提供业务监督、技术支持的部门,主要包括信息中心、长三角环境气象预报预警中心等。

(3)业务管理部门

省级标定过程的管理责任汇报归口部门,主要为观测与预报处。

表 3.37 中各装备类型的省级标定业务适用于本程序文件,各部门应按照表中对应的装备类型进行省级标定作业。

3.4.7.5　工作程序

(1)需求收集

需求来源:按照中国气象局下发的规范要求、中国气象局针对特定任务下发的专项定标要求、省级维修后产生的定标需求、站点迁建产生的需求、中国气象局年度评估报告反馈。

表 3.37 数据来源与部门职责对照表

观测系统	执行部门	省级业务部门	省级管理部门
天气雷达	信息中心探测设备运行保障科	信息中心	观测预报处
风廓线雷达	信息中心探测设备运行保障科,嘉定、松江、奉贤、金山区气象局、上海海洋气象台		
国家自动站	各区气象局、上海中心气象台、上海海洋气象台		
区域自动站	各区气象局、上海海洋气象台、信息中心仪器开发与检定科		
大气成分	长三角环境气象预报预警中心	长三角环境气象预报预警中心	
探空	宝山区气象局	宝山区气象局	
自动土壤水分观测站	松江区气象局	松江区气象局	
酸雨	宝山区气象局、浦东新区气象局	宝山、浦东区气象局	

业务实施部门的定标需求需充分考虑上一年度省级定标的分析结果,作为本年度需求参考项。

（2）制定方案

业务实施部门在制定方案前,应调阅相关需求信息和技术资料,适当时应当查阅以往相关的信息。

必要时,应当组织业务管理部门及外供方进行研讨,如涉及技术机密应当签署相关的保密协议后共同制定方案。

各相关部门予以配合,按规定时间内完成确认。

（3）方案的审批

年标定方案经过业务实施部门负责人进行审批后回复。

专项定标方案由中国气象局下发至上海市气象局观测与预报处领导审批后落实到相关部门。

需要外供方支持的方案应当在审批前提供给外供方管理人员确认,得到反馈确认后方可审批。

审批没有通过应当退回,沟通问题后重新进行制定。

对于需要上报中国气象局的装备类型,按照相关管理规定业务由实施部门通过业务系统上报。

（4）组织实施

业务实施部门应当进行人员的调配,保证至少一名技术专家参与方案执行。

测试仪器必须通过年检合格后方可使用。

测试方案参考中国气象局下发管理规定,当无参考文件时参考外供方技术文件。

需要外供方实施的方案,必要时配合外供方共同实施。

(5)组织实施过程与标定结果评估

省级业务部门确认实施内容是否按照要求逐项落实。

省级业务部门对标定结果是否满足指标要求进行确认,符合要求编制总结报告,当指标异常时应当按照《省级维修程序》实施操作。

(6)报告编制与反馈

省级业务部门编制报告后通过 Notes 等反馈给台站。

年度《××××年度标定方案上报表》完成后在业务实施部门进行编号、归档,并确认是否要上传中国气象局汇总。

专项定标方案反馈中国气象局,经中国气象局评估如不符合要求重新组织实施。

天气雷达年评估报告需每年 3 月底前由省级业务部门完成上一年度全省(区、市)天气雷达定标业务评估工作,并将《××××年度标定方案上报表》报省级业务管理部门和国家级技术保障部门。

3.4.7.6　记录表格

《××××年度标定方案上报表》SHQXJ-QF-OP0407-01

3.4.7.7　过程绩效/质量目标

系统标定完成率

3.4.7.8　过程中的风险和机遇的控制(表 3.38)

表 3.38　过程中的风险和机遇的控制

风险	应对措施	执行时间	负责人	监视方法
装备标定未能按时完成,影响观测数据可靠性	通过制订工作计划,确保两次标定时间间隔不大于 12 个月	每年	业务实施部门	评审
部分系统没有固化标定方案	等待标准出台或与厂家合作共同定标	每年	省级业务部门	评审
装备标定操作出现偏差,影响标定有效性	对定标结果及定标实施过程进行逐项确认。	每次	省级业务部门	评审

3.4.7.9　相关/支持性文件

详见《上海市气象观测业务质量体系发文合集 2006—2018》。

3.4.7.10 附录

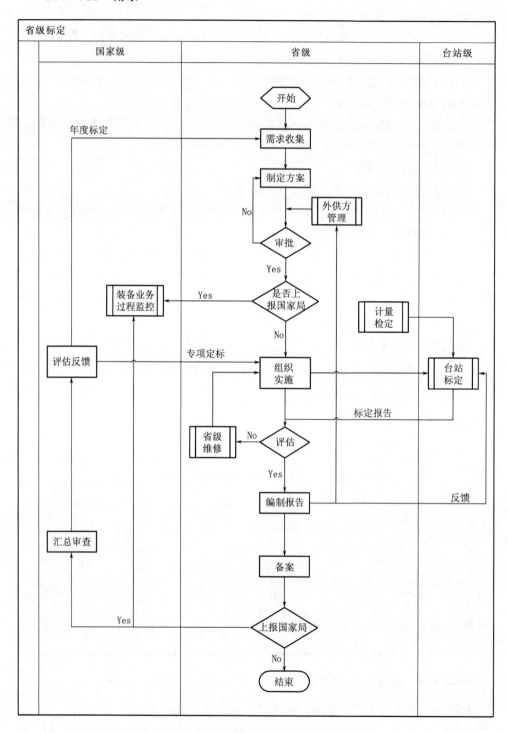

××××年度标定方案上报表

编号：SHQXJ-QF-OP0407-01

上报单位		
上报人		联系电话
以下方案本单位领导已获悉	是□　否□	
维护系统类型：		
上一年度维护中的风险与问题		
系统考核级别	国家级考核□　省级考核□	
计划维护时间： 计划停机时间：		
影响范围：	单位内部用户： 单位外部用户：	
需要厂家或外部技术支持：	全部委托□　合作开展□	
参加人员：		
需要的资源：	车辆： 人员：	
需要准备的仪器：		
是否需要备件：		
备注		

3.4.8　台站标定管理程序

3.4.8.1　目的

为满足中国气象局对天气雷达标定业务受控的要求，观测数据精确性的要求，综合观测自身指标达标的要求，特制定本程序。

3.4.8.2　范围

适用于上海市气象局管辖内满足标定规范要求的天气雷达。

3.4.8.3　术语

无

3.4.8.4 职责

业务执行部门:负责台站标定业务具体实施工作,一般包括方案制定、组织实施。

业务管理部门:负责台站标定业务监督和管理工作,包括方案的审批,技术支持。

管理部门:负责台站标定过程进行管理的责任归口部门。

表 3.39 中各装备类型的台站标定业务适用于本程序文件,各部门应按照表中对应的装备类型进行台站标定作业。

表 3.39　各装备类型的台站标定业务

装备类型	业务执行部门	省级业务部门	管理部门
天气雷达	探测设备运行保障科	信息中心	观测预报处

3.4.8.5 工作程序

(1)规范要求与反馈

需求来源:按照中国气象局下发的规范要求、中国气象局针对特定任务下发的专项定标要求、台站维修后产生的定标需求、站点迁建产生的需求。

业务实施部门定标需求需充分考虑上一年度省级定标的分析结果,作为本年度需求参考项。

(2)制定方案

在制定方案前,业务实施部门应调阅相关需求信息和技术资料,适当时应当查阅以往相关的信息。

标定方案应形成文件化的信息,年度标定由业务实施部门及业务管理部门进行流转确认。

(3)方案的审批

月标定方案的具体执行按照天气雷达标定业务规范要求执行。

专项定标方案由中国气象局下发至上海市气象局观测与预报处领导审批后落实到业务实施部门。

审批没有通过应当退回,沟通问题后重新进行制定。

业务实施部门对需要上报中国气象局的装备类型通过业务系统上报。

(4)组织实施

业务实施部门应当进行人员的调配,保证至少一名技术专家参与方案执行。

测试仪器必须通过年检合格后方可使用。

必要时,业务实施部门可向省级管理部门寻求技术支持。

天气雷达由省级组织实施台站配合标定,台站编制《月定标报告》提交至省级管理部门进行评估。

(5)标定结果评估

业务实施部门对定标结果是否满足指标要求进行确认,符合要求编制总结报告,当指标异常时应当按照《台级维修程序》实施操作。

(6)报告编制与反馈

业务实施部门编制定标月报表后通过 notes 等反馈给业务管理部门评估。

每月 10 日前,台站完成的天气雷达站《月定标报告》需报省级管理部门。

3.4.8.6　记录表格

《月定标报告》SHQXJ-QF-OP0408-01

3.4.8.7　过程绩效/质量目标

1)仪器设备定标及时率

2)仪器装备运行稳定性

3)绩效目标及考评方法详见《气象综合观测质量综合考核办法》

3.4.8.8　过程中的风险和机遇的控制(表 3.40)

表 3.40　过程中的风险和机遇的控制

风险	应对措施	执行时间	负责人	监视方法
装备标定未能按时完成,影响观测数据可靠性	通过制订工作计划,确保两次标定时间间隔不大于 12 个月	每年	业务实施部门	评审
装备标定操作出现偏差,影响标定有效性	对定标结果及定标实施过程进行逐项确认	每次	业务管理部门	评审

3.4.8.9　相关/支持性文件

详见《上海市气象观测业务质量体系发文合集 2006—2018》。

3.4.8.10 附录

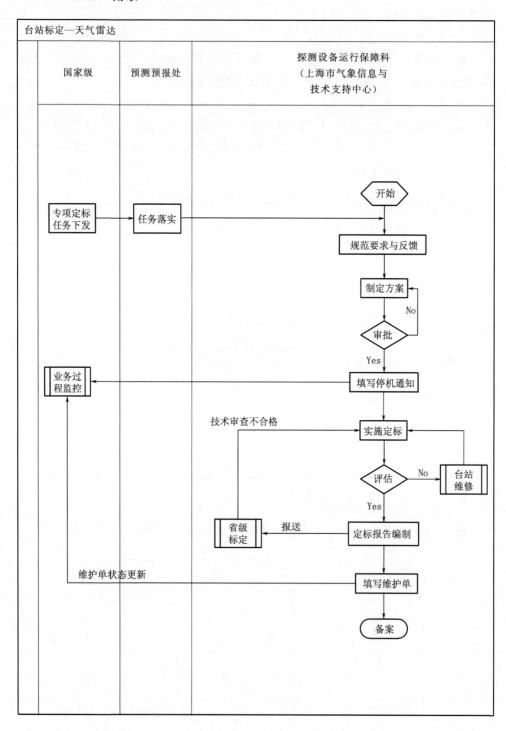

3.4.9　报废管理程序

3.4.9.1　目的

为加强气象专用技术装备的报废管理,规范装备报废处置职责及流程,结合气象工作实际,特制定此程序。

3.4.9.2　范围

适用于上海市气象局气象综合观测的观测装备保障过程中对于整机和备件的报废管理。

3.4.9.3　术语

无

3.4.9.4　职责

(1)省级综合观测主管部门

负责本省装备的使用管理、技术评估审核受理,以及除雷达、空间天气等重大装备外装备的技术评估审核工作。

(2)省级相关业务单位

负责本省装备验收交接、运行保障、建档管理及除雷达、空间天气等重大装备外装备的技术评估工作。

(3)各区县台站

负责按照相关业务单位的技术评估意见实施设备及备件报废申请和处置。

(4)中国气象局综合观测主管部门

负责装备的配置、使用归口管理、监督检查、国家级相关业务单位的技术评估审核受理等工作。

(5)中国气象局相关业务单位

负责制定装备使用年限评估方法,对各级装备使用年限管理工作提供业务指导及技术支持,负责全国雷达、空间天气等重大装备的技术评估工作。

3.4.9.5　工作程序

(1)报废申请

组件报废申请处置向所在科室向部门办公室申请,由办公室统一进行资产报废申请,由计财处审批后归档。系统第一次维修更换的部件不需要报废处置,但第二次维修替换的备件需要进行报废处置。

系统报废由台站提出报废申请：①装备实际使用总时间已达到或超过该装备规定的使用年限，主要部件严重损毁，经维修、标校（检定）后不能满足技术要求；②损坏严重，无法修复或维修费用超过装备购置费用，以及没有维修价值的装备；③其他特殊情况。

报废申请需填写《气象观测专用技术装备技术评估申请表》，申请单位领导需盖章确认。

报废申请递交观测与预报处处置。

（2）报废评估

当上报的报废申请涉及雷达、空间天气站、国家级自动站等重大装备，观测预报处须报国家级综合观测主管部门审核，其余装备技术评估经省级综合观测主管部门组织评估。

国家级综合观测主管部门评估后，可继续使用的装备批复应通知省级业务部门。不可继续使用的装备应通知观测预报处。

省级业务部门评估时可组织区县台站技术人员共同参与。可继续使用或修复后可以使用的装备应通知各区县台站，包括修复后不可使用的装备应按照《项目导入业务准入管理程序》中的业务考核与退出的相关管理规定执行。

不可继续使用的装备由省级业务部门撰写方案后提交观测预报处审批。

（3）资产的审批与评估

观测与预报处依据技术评估审核的结果，装备根据分级管理的要求，应向计划财务部门提出资产评估申请。

资产评估应当如实向资产评估机构提供有关情况和资料，并对所提供资料的客观性、真实性和合法性负责。

区县台站应按照计划财务部门要求开展资产报废工作。

3.4.9.6 记录表单

《气象观测专用技术装备技术评估申请表》SHQXJ-QF-OP0409-01

3.4.9.7 过程绩效的监视

装备报废工作完成率

3.4.9.8 过程中的风险和机遇的控制（表3.41）

表3.41 过程中的风险和机遇的控制

风险	应对措施	执行时间	负责人	监视方法
报废处置不受控	制定规范流程，填写申请批准后方可实施	每月	观测预报处	报废申请审批

3.4.9.9　相关/支持性文件

详见《上海市气象观测业务质量体系发文合集 2006—2018》。

3.4.9.10　附录

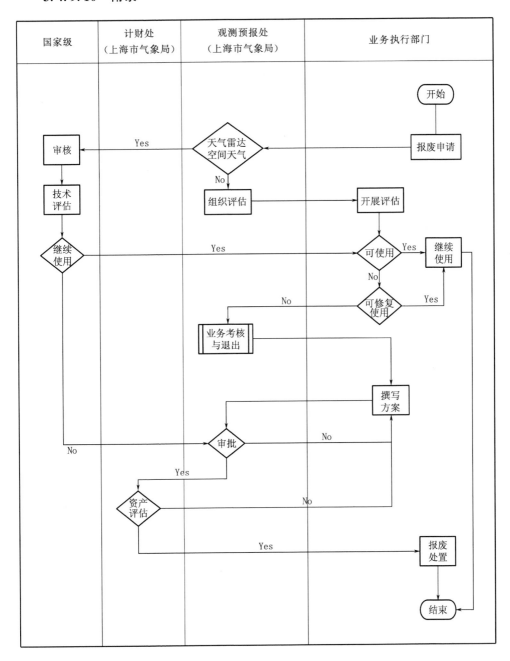

第4章

上海市气象局观测业务质量管理体系支持过程

4.1　人力资源管理程序

4.1.1　目的

为有效规范对上海市气象局综合观测相关人员的管理,保障上海市气象局气象观测质量管理体系运行所需人力资源的充分性、适宜性和有效性,推动质量管理体系目标的实现及持续改进,制订本程序。

4.1.2　范围

本程序适用于上海市气象局管辖范围内从事气象综合观测及影响气象综合观测绩效相关工作的非公务员编制岗位的人员管理。

4.1.3　术语

用人部门:包括上海市气象局各职能处室、事业单位、各区县气象局等(以下简称"各单位")。承担各自部门人员需求计划、人员培训计划等编制及对于人员培训、日常考核的具体实施。

4.1.4　职责

(1)人事处

为本局人力资源管理的主要归口部门,牵头组织各用人部门分别编制其人员岗位要求、人员需求计划、人员培训计划等并对其审核;负责制订人员考核标准并汇总各部门人员考核结果。

(2)计划财务处

负责会同人事处制定或修订培训费实施细则,并对执行情况进行监督检查;负责对各单位提交的年度培训费预算进行审核,并对培训费支付结算进行监督检查;对各单位报送的年度培训经费报告进行汇总分析,提出加强管理的措施。

4.1.5　工作程序

4.1.5.1　人员招聘

(1)对于非公务员编制岗位,按照中国气象局人事司工作部署,人事处组织各用人单位在核定的编制范围内,根据本单位编制情况和实际业务发展需求提出公开招聘毕业生需求计划,由人事处汇总并经局领导班子研究后,上报中国气象局人事司核准。

(2)招聘计划经批复确定后,通过上海市气象局官方网站向社会公开发布招聘公告。招聘公告发布日期距报名开始时间应不少于15个工作日。受理应聘报名的主要途径为电子邮件。

(3)对于应聘人员的初审、笔试、面试、体检、考察等流程的管理按照《上海市气象局事业单位公开招聘应届高校毕业生工作流程》的要求执行。

(4)确定拟聘用人员后,通过上海市气象局官网,公示拟聘用人员信息,内容包括招聘单位、岗位名称、人员基本情况、监督举报电话等。公示时间不得少于7个工作日。

(5)公示结束后及时通知聘用人员持国家认可的就业报到证、毕业证和学位证等材料原件,到用人单位报到。人事处负责对入职人员的基础入职教育,各用人单位负责与其签订劳动合同,并负责新进人员上岗之后的岗位培训。

4.1.5.2　上岗资格管理

(1)上海市气象局综合观测所涉及有上岗资格要求的岗位目前仅有气象观测员岗位。气象观测员是指在气象台站从事气象观测、资料获取、资料处理和传输、观测仪器维护维修等业务工作的人员。气象观测员必须持有气象观测员资格证书方可从事上述业务工作。

(2)对于气象观测员上岗资格的申请、审核、培训、考试、证书发放等管理按照中国气象局下发的《(气发〔2011〕95号)气象观测员上岗资格管理办法(试行)》执行。

(3)中断气象综合观测工作三年及以上的人员,其气象观测员资格证书作废。若再次从事气象综合观测工作,必须重新参加气象观测员上岗资格考试,取得新的气象观测员上岗资格后,方可从事气象综合观测工作。

4.1.5.3　人员培训

(1)全局培训由局人事处归口管理。全局性的岗位培训、任职培训、初任培训、专门业务培训等培训,由相关职能处室负责组织实施;各事业单位、各区县局组织的内部培训由各单位自己负责组织实施,相关职能处室应加强指导。

(2)全局性培训:各单位每年 7 月 15 日前向人事处提出下一年度全局性的培训需求,人事处根据需求和培训工作总体安排协同计划财务处编制下一年度重点培训计划,经局党组会议审定后实施。人事处每年 12 月 15 日前将下年度培训计划报中国气象局人事司备案。

(3)各单位内部培训:各单位负责人事管理的部门根据业务需求编制下年度培训计划,经财务预算审核后,经本单位办公会审定后实施,并在 11 月 15 日之前报局计财处、人事处备案。年度培训计划的内容及格式应遵照《××年度上海市气象局培训计划表》。

(4)年度培训计划一经批准,原则上不得调整。因工作需要确需临时增加培训项目或因培训内容、地点、参训人数发生变化需调整经费预算的,应当按原培训计划申报渠道申请调整,批准后执行。

(5)各单位应当于每年 1 月 31 日前将上年度培训计划执行情况表报送局人事处、计划财务处。培训计划执行情况的内容及格式按照《××年度上海市气象局培训计划执行情况表》执行。

(6)对于培训费用的预算申请、报销结算等均按照《上海市气象部门培训费管理实施细则》的要求执行。

4.1.5.4　人员考核

(1)各单位负责对所辖各岗位人员的考勤、工作纪律及工作业绩等日常情况进行监督和管理;每年年底依据人事处发布的人员业绩考评管理要求并结合人员日常表现进行考核评价。

(2)人员年度考评的结果需上报汇总至人事处,并作为后续在人员岗位竞聘、绩效津贴核算发放等工作的依据。

4.1.6　记录表单

(1)《应届高校毕业生公开招聘计划》SHQXJ-QF-SP01-01

(2)《气象观测员上岗资格证书登记表》SHQXJ-QF-SP01-02

(3)《××年度上海市气象局培训计划表》SHQXJ-QF-SP01-03

(4)《××年度上海市气象局培训计划执行情况表》SHQXJ-QF-SP01-04

(5)《××年度综合考评主观互评表》SHQXJ-QF-SP01-05

4.1.7　过程绩效的监视

岗位人员缺编率

4.1.8　过程中的风险和机遇的控制(表 4.1)

表 4.1　过程中的风险和机遇的控制

风险	应对措施	执行时间	负责人	监视方法
人因差错	建立绩效考评机制,明确人员、岗位考核机制	每年	人事处	考核表

4.1.9　相关/支持性文件

详见《上海市气象观测业务质量体系发文合集 2006—2018》。

4.1.10　附录

4.2　文件档案管理程序

4.2.1　目的

通过制订本程序,对上海市气象局质量管理体系文件及记录档案进行控制,确保文件的编制、更改、分发有效受控,使用人员得到适用文件的有效版本;确保记录档案得到有效保存和防护。

4.2.2　范围

本程序适用于上海市气象局质量管理体系文件、运行记录及文书档案的管理和控制。对于气象资料档案的管理控制详见《观测数据归档管理程序(SHQXJ-QP-OP0303)》

4.2.3　术语

使用部门:包括上海市气象局各职能处室、事业单位、各区县气象局等(以下简称"各单位")。承担各自部门文件与记录的日常管理与控制。

4.2.4　职责

(1)观测与预报处

负责对体系文件的会签审批、发放、保护、借阅、修订、回收、作废进行控制管理;对体系运行记录的格式设计、审核、编号、存档、废除等控制管理;并定期对文件和记录的管理情况进行检查、评审和持续改进等。

(2)局办公室

负责对外来文件和标准的收集、发布、归档,以及对于文书档案的归档、保存、防护、保密等。

4.2.5　工作程序

4.2.5.1　质量管理体系文件编号规则

4.2.5.1.1　质量管理体系文件按下列规则编号:

(1)质量管理手册

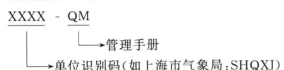

（2）程序文件

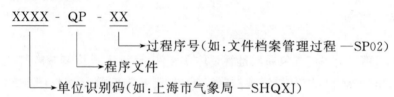

XXXX － QP － XX

过程序号（如：文件档案管理过程 —SP02）
程序文件
单位识别码（如：上海市气象局 —SHQXJ）

（3）作业指导书（三级支撑文件）

XXXX － QI － XX

过程序号（如：台站周期性维护 —— OP04-04-01）
作业指导书
单位识别码（如：上海市气象局 —SHQXJ）

（4）记录文件（四级记录文件）

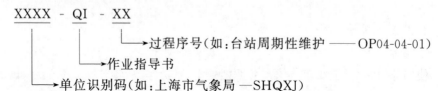

XXXX － QF － XX －XX ——— 流水号（如 01、02、03）

所属过程序号（如：文件档案管理过程 —SP02）
记录文件
单位识别码（如：上海市气象局 —SHQXJ）

4.2.5.1.2　质量管理体系文件版本编号规则：

文件版次按照文件最近的编写或修改年份和修改次数作为编号规则

例：2018 版/0 次—2018 版/1 次—2018 版/2 次

　　2018 版/0 次—2019 版/1 次—2019 版/2 次

4.2.5.1.3　记录归档编号规则

记录归档保存时各部门缩写编号规则参见表 4.2，各探测装备类型缩写编号规则参见表 4.3。

表 4.2　单位名称与简写对应表

名称	简写
上海市气象信息与技术支持中心（简称"信息中心"）	XXZX
长三角环境气象预报预警中心（简称"环境中心"）	HJZX
上海市气象科学研究所（简称"气科所"）	QKS
上海中心气象台	ZXT
浦东新区气象局	PD
宝山区气象局：	BS
闵行区气象局	MH

名称	简写
嘉定区气象局	JD
金山区气象局	JS
松江区气象局	SJ
青浦区气象局	QP
奉贤区气象局	FX
崇明区气象局	CM

表 4.3　观测系统英文翻译与简写

观测系统类型	英文翻译	简写
天气雷达	WEATHER RADAR	WR
风廓线雷达	WIND PROFILER	WP
国家级自动站	NATIONAL AUTOMATIC WEATHER STATION	NAWS
区域自动站	REGIONAL AUTOMATIC WEATHER STATION	RAWS
GNSS/MET	GNSS/MET	GNSS/MET
大气成分	ATMOSPHERE COMPONENT	AC
土壤水分站	SOIL MOISTURE	SM
探空	RADIOSONDE	RS

4.2.5.2　文件的控制

4.2.5.2.1　文件的编制与审批

质量管理文件发布前应经过授权人员批准,确保文件是充分与适宜的。

管理手册由观测与预报处组织编写,最高管理层审核批准。

程序文件由观测与预报处组织该程序涉及的主要责任部门组织编写,部门负责人反馈审核,最高管理层批准。

作业指导书等支撑文件,由该文件主体事项的归口管理部门组织编写,涉及制度调整的,应当由最高管理层批准。如果该文件主体事项由多个部门管理,文件批准前应交由相关部门会签。

4.2.5.2.2　文件的评审与修订

质量管理体系文件在公开发布前应进行批准,并保留相关信息记录。

与文件有关的任何部门均可提出文件修订建议,文件的修订应由文件主管部门实施。

对文件实施修订时,应记录文件的修订情况,同时调整文件的修订状态标识。

文件修订后应按文件原审批程序再次进行评审和审批,并由文件管理部门按原发放范围发放修订后的文件,同时收回原发放的文件。

4.2.5.3 记录的管理

4.2.5.3.1 记录的基本要求

记录应提供产品实现过程的完整的质量证据,并能清楚地证明产品满足规定要求的程度。记录的保存时间应满足顾客和法律法规的要求与产品的寿命周期相适应。

各部门形成的需在本单位保存的记录,由各部门负责在本部门保管。

各部门形成的需在所办公室保存的记录或文书档案,由各部门向所办公室移交归档。

记录填写应及时、完整、准确和真实,能为产品质量符合规定要求和质量管理体系有效运行提供依据。

4.2.5.3.2 记录的管理控制

经责任人签署后的记录一般不允许更改,确需更改时,应经责任人同意,采用划改,在更正处由责任人签署姓名和日期,若有复印件也应同时修改。

应对每一份记录进行编号,遵循一件一号的唯一性原则,不得重复。编号方法在符合所相关的要求基础上由各部门规定。

各部门应按质量管理体系文件(质量手册、程序文件和第三层文件)、行政文件和本程序规定,将产品(项目)研制、使用和服务、质量管理体系运行以及其他活动中形成的记录,进行收集、整理、分类和编号,并按照所文件控制程序要求,及时完成记录的归档。

4.2.5.3.3 记录的保存和防护

记录的保存期限应满足法律、法规和合同的要求,如法律、法规或合同未提出要求,与观测数据相关的记录的保存期应与数据寿命周期相适应。具体可参照《上海市气象局机关文书档案保管期限表(试用)》。

记录应保存在防火、防潮、防霉烂、防虫蛀的环境中,电子媒体应有防电磁辐射的措施。所有记录应有明确的标识,便于查找和借阅,并妥善保存,防止损坏、变质和丢失。

对已经超过保存期限,或者未超过保存期限但已失去利用价值的记录,应列出清单,经记录形成部门审核,并按照记录的管理级别经本部门主管领导或管理者代表批准后进行销毁。

4.2.6　记录表单

《受控文件清单》SHQXJ-QF-SP02-01
《质量管理体系运行记录一览表》SHQXJ-QF-SP02-02
《上海市气象局文书档案登记表》SHQXJ-QF-SP02-03

4.2.7　过程绩效的监视

(1)文件受控率
(2)记录保存完好率

4.2.8　过程中的风险和机遇的控制(表4.4)

表 4.4　过程中的风险和机遇的控制

风险	应对措施	执行时间	负责人	监视方法
文件不受控,新老版文件混用	文件由授权人员进行审批,各责任部门对新增、修改、作废文件进行管理	每年	观测预报处	监督评审

4.2.9　相关/支持性文件

详见《上海市气象观测业务质量体系发文合集 2006—2018》。

4.2.10　附录

无

4.3 基础设施环境管理程序

4.3.1 目的

通过制订本程序,以确定、提供并维护为上海市气象局质量管理体系运行所需要的基础设施和工作环境。

4.3.2 范围

本程序适用于上海市气象局质量管理体系运行所需的基础设施及工作环境的管理和控制。

通常基础设施涵盖建筑物(包括办公用房、计算机房、档案库房等)及相关设施(包括供水供暖系统、供配电设备、电梯等)、设备(包括综合气象观测设备等专用设备与仪器、办公设备、通信设备等)、信息系统平台以及车辆。

由于上海市气象局的建筑物及相关设施、车辆的管理均隶属于后勤保障中心,而后勤保障中心暂未列入本局的综合观测质量管理体系范围内,因此本程序所指的基础设施范围仅限于设备(包括综合气象观测设备等专用设备与仪器、办公设备等)

4.3.3 术语

办公设备:办公设备是指复印机、计算机、打印机、扫描仪、投影仪、传真机、网络设备、通信设备等非气象观测设备以及批量购置的办公家具等。

4.3.4 职责

(1)各台站及各省级业务单位

负责对与本单位业务相关的气象观测设备等专用设备及仪器的购置、日常维护、维修等管理,包括对相应探测环境的定期确认与保护,负责完成业务软件的升级、备份与维护工作。详见"台站/省级采购""台站/省级维护""台站/省级维修"等各相关管理程序。

（2）各单位办公室

负责对本单位日常使用的办公设备、通信网络工作环境实施日常检查、确认并负责具体的配置、维修、更新等事项。

（3）信息中心信息运行监控科

负责对于观测数据信息系统及机房的维护与管理，详见《观测数据省级运控管理程序（SHQXJ-QP-OP0304）》。

（4）信息中心探测设备运行保障科

负责完成装备保障各项业务的软件平台的维护。

（5）信息中心数据管理与服务科

负责完成数据传输质控各项业务的软件平台的维护。

4.3.5　工作程序

（1）设备需求及配置

各部门将所需新增设备的规格、型号、品牌、数量等信息上报各单位办公室，各单位办公室根据本单位年度预算进行购置。

相关设施设备的购置根据中国气象局下发的《气象专用及办公设备购置费管理办法（气发〔2012〕98 号）》按政府采购流程实施。

设备购置后由各单位办公室安排配发至各部门。

（2）设施设备与工作环境维护

由各单位办公室牵头对本单位办公设施设备的使用情况及工作环境的适宜性进行定期巡查确认。

在使用和巡查中，发现办公设施设备故障或工作环境异常时，应及时组织维修维护工作，同时填写《设施设备维修单》。

（3）信息系统平台维护

各台站与省级业务单位负责各信息系统平台的升级、备份与维护工作，修复故障后填写《设施设备维修单》

信息系统机房的维护与管理统一由信息运行监控科负责，详见《观测数据省级运控管理程序（SHQXJ-QP-OP0304）》。

4.3.6　记录表单

《设施设备维修单》SHQXJ-QF-SP03-01

4.3.7 过程绩效的监视

(1)设施设备费用支出不超预算

(2)系统平台平均无故障时间

4.3.8 过程中的风险和机遇的控制(表4.5)

表4.5 过程中的风险和机遇的控制

风险	应对措施	执行时间	负责人	监视方法
设施设备费用支出超出预算	各部门需新增设备的信息应上报各单办公室进行审批	每年	各办公室	根据年度预算评审
因设施设备的故障影响业务	定期巡查确认,发现办公设施设备故障或工作环境异常时,应及时组织维修维护工作	每月	各办公室	巡查及维修记录

4.3.9 相关/支持性文件

详见《上海市气象观测业务质量体系发文合集2006—2018》。

4.3.10 附录

设施设备维修单

编号：SHQXJ-QF-SP03-01

开始时间		结束时间		报告人：	
报告编号：			故障处理单位：		

项目	故障描述
1	

项目	故障处理
2	

项目	耗材/器件更换型号
3	

填表人：　　　　　　审核：　　　　　　　批准：

4.4 外供方管理程序

4.4.1 目的

为有效规范对上海市气象局综合观测外部供方(包括设备物资供应商和服务外包方)的管理,保障上海市气象局气象观测质量管理体系运行的充分性、适宜性和有效性,推动质量管理体系目标的实现及持续改进,制订本程序。

4.4.2 范围

为上海市气象局气象综合观测提供产品或服务的外部供方(包括设备物资供应商和服务外包方),统称为"外供方"。当这些外供方所提供的产品或服务构成上海市气象局综合观测所交付产品和服务的组成部分时,或者对上海市气象局综合观测实现或对综合观测绩效具有直接影响时,对于这些外供方的管理适用于本程序。

4.4.3 术语

产品和服务的购买主体:包括上海市气象局及下属具备独立法人资格的各事业单位、各区县气象局等(以下简称"各单位"),分别负责对各自外供方的评价、选择、绩效监测及再评价的具体实施;并将相关结果上报观测预报处。

4.4.4 职责

(1)计划财务处
负责对各单位提交的年度采购预算进行审核,并对实际开支结算进行监督检查。
(2)观测与预报处
负责收集并汇总各单位对外供方绩效评价的结果,作为年度管理评审输入之一。

4.4.5 工作程序

(1)气象部门政府采购的外供方评价及选择

气象部门政府采购,是指各单位使用财政性资金,采购国务院公布的政府集中采购目录以内或者采购限额标准以上的货物、工程和服务的行为。相关资金的使用应接受中国气象局计划财务司的监督管理,采购的具体实施委托中国气象局资产管理事务中心实行。

对于气象部门政府采购项目外供方的评价与选择,各单位按照中国气象局下发的《(气发〔2018〕19号)气象部门政府采购管理实施办法》和《(气发〔2016〕7号)中国气象局关于推进气象部门政府购买服务工作的通知》中的要求执行。

(2)自主采购的外供方评价及选择

自主采购,是指各单位根据年度预算,在政府集中采购目录以外且采购限额标准以下的货物、工程和服务的行为。相关预算应在年初上报计划财务处审批或备案。

各单位对于自主采购预算资金50万(含)以上的外供方评价选择,应通过委托第三方招标的方式来实施。对于自主采购预算资金50万以下的外供方评价选择,可通过邀请专家进行内部评议的方式实施。

各单位根据业务需求,均应事先编制标书以明确采购标的及各项具体需求。投标单位均应提供营业执照(组织代码、税务三合一)及相关资质证明(视行业类别而定)。

各单位按照评标办法的相关规定,委托第三方机构或评审专家对各投标单位的投标文件进行评审打分并择优选择外供方。

各单位应与中标外供方签订采购合同或服务协议,合同协议中的主要标的内容应与标书保持一致。

对于存在长期合作或固定合作关系的外供方,当上一合同周期履约完成之后,各单位可通过对其在上一合同周期的履约表现及绩效的评价来决定是否继续续约;若涉及业务风险较大、相关内容(外供方情况、采购内容等)发生重大变化的情况下,各单位在续约之前需重新进行招标或议标,而不能仅仅通过绩效评价来决定是否续约。

各单位选择外供方前应充分考虑和收集外供方的资质信息(国家法规要求),以验证外供方是否有提供产品和服务的资质。

(3)对外供方绩效的监测

服务外供方在完成服务后,应及时填写《外供方服务报告》。对于维修维保服务过程中所发现的设备系统故障,应与甲方充分沟通后填写《故障分析报告》。

各单位应根据项目周期或固定的时间间隔(每年至少一次)对外供方所提供的产品或服务的绩效进行监测和评价,填写《外供方绩效评价表》(服务类及物资类)。

对外供方绩效进行监测评价的项目应包括(但不限于):外供方所提供产品或服务的质量、交付及时性或服务响应、服务态度、人员能力或设备能力等等。

各单位每年应将对外供方绩效监测评价的结果进行汇总,作为对外供方考核的结果和是否与其续约的依据。

观测与预报处每年年底应收集汇总各单位对外供方绩效的评价结果,作为年度管理评审的输入材料之一。

4.4.6 记录表单

(1)各项目标书、招标文件、评标议标记录

(2)采购合同或协议

(3)《外供方(物资类)绩效评价表》SHQXJ-QF-SP04-01

(4)《外供方(服务类)绩效评价表》SHQXJ-QF-SP04-02

(5)《外供方服务报告》SHQXJ-QF-SP04-03

(6)《故障分析报告》SHQXJ-QF-SP04-04

4.4.7 过程绩效的监视

外供方提供产品和服务的质量达标

4.4.8 过程中的风险和机遇的控制(表 4.6)

表 4.6 过程中的风险和机遇的控制

风险	应对措施	执行时间	负责人	监视方法
外供方业务影响组织绩效	建立外供方管理规范,定期进行外供方绩效评价,不断督促改进与外供方再选择	每年	观测预报处	监督评审

4.4.9 相关/支持性文件

详见《上海市气象观测业务质量体系发文合集 2006—2018》。

4.4.10　附录

外供方服务报告

编号：SHQXJ-QF-SP04-03

第1部分 （故障名称）						
	开始时间		结束时间		报告人：	
第2部分	甲方名称：					
	通讯地址：					
第3部分	报告编号：	YYYYDDMM-WHFX		服务处理单位：		

项目	服务项目
1	

项目	服务周期
2	

项目	服务结果
3	硬件系统的维护、软件系统的维护、观测系统观测环境等

项目	变更情况
4	

项目	总结与建议
5	

故障分析报告

编号:SHQXJ-QF-SP04-04

第1部分 (故障名称)						
	开始时间		结束时间		报告人:	
第2部分	甲方名称:					
	通讯地址:					
第3部分	报告编号:	YYYYDDMM-GZFX		故障处理单位:		

项目	故障描述
1	

项目	故障分析
2	

项目	故障处理
3	

项目	器件更换型号
4	

项目	总结与建议
5	

备注:如需图片说明的请备注附件。

外供方(服务类)绩效评价表(××××年度)

日期：　　　　　　　　　　　　　　　　　　　　编号：SHQXJ-QF-SP04-02

评价事项	计算方法	百分制	折合比例分数
任务完成度(30%)	任务实际完成数/任务要求完成数	100	
响应及时性(15%)	非常及时	100	
	基本准时	80	
	稍有延误(可接受)	60	
	不可接受	0	
工作质量(30%)	非常满意	100	
	基本满意	80	
	较差	60	
	不可接受	0	
服务报告(15%)	记录翔实	100	
	基本记录	80	
	记录不完整	60	
	没有记录	0	
服务态度(10%)	良好	100	
	一般	80	
	较差	60	
	不可接受	0	
总分			
总体评价	*(上述事项评价结果情况汇总,同时包括外供方人员能力或设备能力等等)*		
改进意见			

填表人：　　　　　　　　　审核：　　　　　　　　　批准：

外供方(物资类)绩效评价表(××××年度)

日期： 编号：SHQXJ-QF-SP04-01

评价事项	计算方法	百分制	折合比例分数
交付及时性(20%)	非常及时	100	
	基本准时	80	
	稍有延误(可接受)	60	
	不可接受	0	
产品质量(60%)	非常满意	100	
	基本满意	80	
	较差	60	
	不可接受	0	
售后服务(20%)	非常满意	100	
	基本满意	80	
	较差	60	
	不可接受	0	
总分			
总体评价	*(上述事项评价结果情况汇总)*		
改进意见			

填表人： 审核： 批准：

4.5　仓储管理程序

4.5.1　目的

为规范上海市气象局对于设备物资的仓储管理,确保物资出入库过程中避免出现质量和数量上的差错,防止设备物资在存储期间的损坏,制订本程序。

4.5.2　范围

本程序适用于上海市气象局对于需保存的设备及物资的仓储管理活动。

4.5.3　术语

无

4.5.4　职责

(1)各单位办公室

负责对物资仓库的日常管理,包括物资的出入库、在仓库中的有效保管及防护等。

(2)计划财务处

负责对仓库物资出入库及物资周转流转进行监督检查并定期盘点。

4.5.5　工作程序

(1)入库管理

仓库管理人员接到物资入库通知后,做好收货准备。

物资到达仓库后,仓库管理人员按规定对物资进行验证确认。如验收不合格,按约定进行退货操作,并附加标识。

验收合格后,仓库管理人员在收货单或入库单上签字确认,登记入库。

(2)在库管理

对于在库的各类物资均应进行标识,标识要明确、易识别。

对有特殊存储要求(易碎、有堆叠层数限制等)的物资,仓库管理人员应按要求采取防护和合理堆放。

对环境如温湿度有要求的物资,应设置温湿度计,定时监控和记录,当环境不符合要求时,应采取措施。

对于有保存期限要求的物资,应做到先进先出,必要时增添期限时间标识。

对物资需每月定期检查、盘点、维护。仓库管理人员对物资收发账目负责,保证账目齐全,做到"账、卡、物相符"。

(3)出库管理

仓库管理人员接收到其他科室业务人员的发货请求后,检查待发货物资的状态如包装、有效期等。

物资出库时,仓库管理人员需做好相应的出库记录。物资领用方需在《出库单》上签字,相关记录由仓库管理人员及领用方各自保存。

4.5.6 记录表单

(1)《入库单》SHQXJ-QF-SP05-01

(2)《出库单》SHQXJ-QF-SP05-02

(3)仓储台账及盘点记录

4.5.7 过程绩效的监视

在库物资盘点差错率

4.5.8 过程中的风险和机遇的控制(表 4.7)

表 4.7 过程中的风险和机遇的控制

风险	应对措施	执行时间	负责人	监视方法
库存品保存时间过长导致功能失效,造成国有资产损失	建立业务规范,对库存品状态信息进行标示,做到先进先出	每年	各单位	监督检查
库存数量不足	增加库存数量;依托现有物流网络,与厂家建立快速响应机制	每年	各单位	监督检查

4.5.9　相关/支持性文件

详见《上海市气象观测业务质量体系发文合集 2006—2018》。

4.5.10　附录

无